企業創生 2
台灣闢新局

從傳產到高科技業，
持續引爆升級轉型火力

總主筆

台灣產業創生平台創辦人暨董事長
黃日燦

推薦序
攜手創生，創造生生不息的轉型動能

陳美伶／前國發會主任委員、台灣地方創生基金會董事長

2020 年初，由國發會核准，全國第一個以台灣企業轉型升級為核心的公益信託—「台灣產業創生平台」正式啟航。創辦人黃日燦律師說，這個公益信託目標在打造一個超越今天、明天，全心專注於開創「後天」的公益平台，為台灣產業注入創新轉型動能。

2020 年 5 月我卸任公職後，一直參與著平台上的活動，關注平台的運作，並與傑出的企業前輩持續互動與交流。3 年來，我見證台灣產業創生平台推動的每一個計畫的紮實與前瞻，完全不受疫情影響，透過各種計畫的執行為台灣的產業轉型指點明燈，開心的看到台灣後天產業發展機會的未來願景。一個公益信託可以不間斷維持動能，不忘初心，不忘承諾，著實令人感動。這個平台是我在國發會主委任內成立，所以我與有榮焉，也為我的公務生涯留下一個美麗的篇章。

當網路興起帶動數位新經濟的發展趨勢已是不可逆的關鍵時刻，綜觀台灣雖然有半導體護國神山的帶領、有電子科技硬體設備產業在世界站有一席之地，但占比最高的仍然是中小企

業為主的產業生態。在 Web 3 時代來臨時，不論是大的科技廠抑或 150 多萬家的中小企業，都同樣面臨了瓶頸、面臨必須跨過去的「坎」，沒有突破就沒有未來，加上接班的世代也多是網路原住民，挑戰是必然，如何蛻變、如何華麗轉身，走向新世界，是台灣企業的考驗，也是機會！

台灣產業創生平台 2021 年出版第一本《企業創生—台灣走新路》，用 20 個企業轉型案例，讓大家看到成功背後的努力與堅持，誠如劉揚偉董事長在序言中說，那不只是一本參考範例的書，更是對有志創業，特別是跨域發展者必讀的書，無怪乎獲得經濟部金書獎的殊榮，更創造銷售的佳績，叫好又叫座。今年，平台夥伴持續走訪台灣的成熟企業，並彙編完成第二輯的新書，我有幸先睹為快，在驚喜與快樂閱讀後，一定要推荐給關心台灣未來產業發展的朋友們！

第二輯更具可讀性的理由有五：第一，本輯篩選的企業種類的廣度更大，沒有任何框架，不管你是從事哪一種行業別，經濟規模大小，甚至新創（startup）、微型的地方創生都可以找到可參考的案例及學習的方法；第二，企業轉型升級不是只有一個固定不變的套路，相反的，跳脫窠臼，逆向操作，有時候反而締造意想不到的效果及更棒通往成功的道路；第三，美國職業橄欖球聯賽（NFL）最受尊敬的文斯・隆巴迪（Vince Lombardi）教練曾說：「勝利不是偶爾的事，而是持續堅持的

事。」我主觀認為這 20 個企業的故事所彰顯的價值與成功密碼就是這句話，商場和運動場追求卓越心法其實沒有什麼不同；第四，越在地、越國際，不再是一句口號，而是真真實實對自己的信心！台灣的優勢在於我們在這片土地上所建立的韌性與積極的創業家精神，這個招牌已被擦亮；第五，黃大律師在本書的最後點評時，提出的左右腳觀念，看似新思維，但其實是畫龍點睛也是茅塞頓開的一把鑰匙，讓企業可以穩穩的駛向前方，邁向永續。

過去 3 年，整個地球被翻天覆地的擾動。Covid 疫情肆虐讓我們回不去了，只能勇往直前；GhatGPT、生成式 AI 讓我們不得不面對科技的狂大浪潮，我們的腦袋及思維要重新定位；毫無預警的戰爭與殺戮、地緣政治的你爭我奪，讓人心與世界陷於不安情境，我們要追求人心的安定；最後當然就是氣候變遷與永續議題的不可逆，天災不斷的侵襲著地球居民造成人命與財產的重大損失，我們要謙卑的看待大自然，挽起袖子救地球。

值此變動中，國家的產業政策要與時俱進、動態調整，企業的經營策略更要機動彈性與靈活駕馭。然而「成功不能複製，經驗可以傳承」（AAMA 台北搖籃計畫的精神標語），「一個人走得快，一群人才可以走得遠」（台灣地方創生基金會的精神標語），搭配「台灣產業創生平台」的企業轉型突圍心法，

衷心期望我們在打造的是「後天」台灣的產業願景，讓世世代代可以生生不息！閱讀本書，相信您會與我一樣充滿信心！

推薦序
企業創生，台灣闢新局
陳添枝／國立臺灣大學經濟系名譽教授、國立清華大學政經學院院長

　　台灣的每人 GDP 在 2021 年突破 3 萬美元關卡，成為一個已開發國家。在戰後的經濟發展史上，只有台灣和韓國成功的由一個開發中國家蛻變成已開發國家。韓國的成功，基本上是大財團轉型升級的成功；台灣的成功則必須歸功於中小企業的升級轉型。許多外國人看台灣的蛻變，都會注意到台積電的角色，它現在已經是一個超大型的國際級企業，是半導體產業和技術的領導者，擁有市場定價的能力。台積電貢獻很大，但它是一個異數，台灣的成功，絕對不能忽略眾多中小企業的角色；如果它們都原地踏步，沒有突破，光靠台積電，台灣不可能成為一個已開發國家。

　　黃日燦律師這本書，細緻的呈現了台灣中小企業，在過去 20 年間轉型升級的軌跡，十分珍貴。全書有 20 個企業個案，涵蓋資訊電子、機械、農業、食品、醫藥等不同產業。它們升級轉型的共同目標，都是提升產品的價值，讓客戶或消費者願意付更多的錢；為達此目的，降低成本是必要條件，但不是目標。各家企業提升價值的方法，都是在生產過程中加入更多知

識的投入，使產品的品質更好、更穩定、或擁有更多的功能。例如把地瓜從地攤上擺到超商的架上，價格就會提高，但是必須將天生形狀各異、美醜和品質不一的農作物，轉化成外觀誘人且品質一致、供貨量穩定的商品，這涉及生產鏈的建構和科學化的管理，絕對不是一件容易的事。

　　台灣的中小企業，早期賺「風險財」，只要願意冒險，抓住機會就可賺錢，因此中小企業林立，滿街董事長。後來賺「資本財」，必須有足夠的資本投入，才能進行量產，獲取規模經濟的利益，中小企業也因之大型化。當「資本財」越來越難賺的時候，也就是資本報酬遞減的時候，企業就面臨成長的瓶頸。這時候再砸錢，把工廠蓋更大，只會使價格下跌，獲利不會成長。許多台灣企業在這時候移轉生產基地到國外，尋求第二春，或者乾脆收攤，退出江湖，全體經濟也碰到成長的天花板。此時必須靠知識經濟，才能完成轉型升級。 知識的取得、投入和運用，必須靠管理，因此這時候企業賺的是「管理財」。知識經濟的管理，經常涉及跨領域知識的整合，因為跨域知識的整合最可能促成創新，產生前所未有的價值。本書中的資訊電子產業個案，幾乎是清一色以軟體和硬體的知識整合，創造新的產品價值，完成升級。其中一個有趣個案，說台灣因為缺乏品牌力，硬體可以賣錢，軟體很難賣錢，但以「買硬體，送軟體」的方式行銷，就可以在市場實現創新的價值。

總而言之，本書提供的個案，是知識經濟時代企業管理十分有價值的教材，值得向讀者推薦。

推薦序
擁抱變革，共創產業新局

黃偉祥／大聯大控股董事長、台灣產業控股協會理事長

近年來，美中貿易戰持續延燒，加上 COVID-19 疫情影響，國際貿易秩序出現大震盪，全球企業普遍面臨產業鏈重整的龐大壓力，不少台灣企業紛紛藉此機會鍛鍊筋骨、調整體質，然而究竟能否脫胎換骨、再創高峰，仰賴企業主與經營團隊的策略布局與執行能力。

機遇無法複製，但思維與態度可以傳承。當企業走到新的十字路口，要思索如何踏出下一步時，除了企業主與經營團隊自身的決策外，更要借鏡其他企業的經驗，才能省下摸索的時間與成本，有助於在關鍵時刻做出更明智的抉擇。

欣聞黃日燦創辦人的台灣產業創生平台，推出「企業創生」系列的第二本書籍：《企業創生 2・台灣闢新局》，無疑是一本特別有參考價值的寶典。本書記錄了 20 段企業升級轉型的精彩故事，雖然分別來自不同領域、轉型的途徑也各異，但共同點都是能夠搶先掌握趨勢、追求創新，並且勇於採取行動、投資未來，不管是各種轉折中的洞察、堅實的經營理念、成長過程中的堅持、突破逆境的韌性等，對於正在轉型、或即

將轉型的企業來說，相信都能從這本書中獲得深刻的啟發。

大聯大在 2005 年成為台灣第一家多合一的產業控股公司，在國內沒有前例，所幸我們堅持初心，根據設定的方向有效執行，為員工、股東及客戶創造更多價值外，也憑藉著「變革」的 DNA，不斷的優化及演化，快速應變詭譎的市場變化，因此能夠持續成長，躍居全球最大的半導體通路商。

在大聯大的成功經驗之後，台灣陸續出現了一些企業合組控股公司的個案，在本書中也有不少同業間結盟打群架的經典案例。我們樂見愈來愈多台灣企業進行產業合作、併購或共組產業控股公司，打造產業共贏生態圈，尤其對中小企業來說，這是擴大營運規模與獲利、尋求國際突圍的解方之一。

黃日燦創辦人一直鼓勵企業在追求成長的過程中要雙腳並進，不只是慣用自我成長的右腳，也要勇於跨出投資併購的左腳。許多企業主都認為，要讓過去的競爭對手變成集團夥伴，是非常困難的事，但大聯大的成功經驗證明，如果彼此能夠認同長遠的願景——互利共贏打群架，一定能夠突破枝微末節的小阻礙，發揮資源整合的併購綜效。

我經常用「十年磨一劍」來形容企業經營應該具備的態度，要完成一件有價值的事，必須花很長的時間來付諸實現，本書中的企業轉型案例充分說明了這個道理。企業要能基業長青、不被市場淘汰，一定要與時俱進、不斷革自己的命，大聯

大下個 10 年的目標就是建置「大大網」數位平台及「智慧物流」LaaS（Logistics as a Service）服務，就是抱持著這樣的信念持續推進與精進，希望補齊台灣半導體零組件通路的完整拼圖。

這個時代有著嚴峻的挑戰，但也有著絕佳的契機。面對難以預測且變動複雜的產業環境，企業一方面要強化數字化管理以掌握市場動態及提升自身競爭力；一方面要迎接供應鏈分散、區域化生產等大趨勢，結合更多合作夥伴以征戰國際，將台灣的軟硬整合解決方案與成功經驗輸出到海外市場。希望大聯大與書中的案例，都能帶給大家更多的鼓勵與省思，在逆風來臨之前就做好充足準備，共創產業新局！

推薦序
企業永續長存的唯一出路～創生轉型

劉鏡清／前資誠創新諮詢有限公司董事長

　　筆者從事顧問工作約 35 年，期間直接或間接服務過的企業專案近 500 個，也見過許多起起落落的企業，有的轉型成功如今飛黃騰達；有的卻因轉型執行力不足或裹足不前，公司營運每況愈下。期間經手的成功案例也不乏是書中的案例，所以閱讀這本書讓我特別有感，也回憶起許多往事，心中對於當年的轉型主導者更加敬佩。

　　台灣實體書本市場的規模從一年 800 多億衰退到 200 多億，書又從實體書本發展至電子書、線上書等不同格式，但我們可見到有些公司還在死守實體書市場，艱苦無比，有些公司則轉型至多元零售業務，公司規模更大。我的前公司 IBM 透過不斷轉型，從賣打卡鐘到製造打卡鐘及打字機，也代工打字，二次大戰時轉型製造武器（如我當兵時的卡賓槍都是 IBM 製造），後發展並開創電腦產業，電腦產業成熟之後，再轉型賣解決方案創造新價值，現今更積極發展量子電腦引領未來，如此不斷轉型創生，公司已存活了 112 年。

　　企業轉型創生是近幾年多數企業努力的方向，轉型初期最

難的是「跳脫既有思維、勇氣與決心」。見過許多企業喜歡死守自己熟悉但已經沒落的產業，在沒落產業中努力發展其競爭力，最終抵不過市場經濟。也看過許多企業看到未來展望不佳而轉型，但遇到較大的阻力或困難時，選擇內部和諧而退縮，最終還是走進了自己不想看到的結果。

　　企業轉型一旦跳脫舒適區一定會面臨重重困難，領導者解題能力與勇氣決心變的相當重要。本書中的神基科技當年就是黃董展現極大的決心與勇氣，拋棄了佔大部分的低毛利營收，轉向高毛利及品牌方向發展，期間須面臨營收頓減的壓力，其勇氣及溝通的耐心與技巧令人佩服，當時雖然一時間營收大減，但利潤上升，公司競爭力更強，股價反而上揚，創造更高的股東權益，隨著時間發展，現今營收也早已超越當年，也因此公司股價提升了近 10 倍之多，得到眾多股東的支持與鼓勵，也讓員工對公司未來發展充滿希望。

　　企業一旦有了好的轉型方向，能否成功就在於執行，書中將如何找方向，如何克服困難邁向成功，都以案例方式展示，只要詳細閱讀本書，對企業長期發展與永續經營，必有極大幫助。筆者於此也整理幾個創生轉型的經驗重點供大家參考。

驅動轉型：
1. 整理出公司「真正夠強的」核心競爭力。

2. 從公司核心競爭力出發找機會，盡量跳脫既有思維。

3. 如果新方向是非核心競爭力時，先找到對的人再做。

4. 用數據驗證新方向，並確實理解新競爭情境。

5. 建立轉型願景及階段目標。

6. 溝通利益關係人，並塑造轉型壓力，以確實得到支持。

做好轉型：

1. 定出轉型路徑（如自己做、併購、結盟、找顧問協助…等）。

2. 找到對的領導者及團隊。

3. 評估並投入正確且付得起的資源。

4. 正確的計畫、激勵政策與績效目標。

5. 善用 AAR（After Action Review）不斷優化改善。

6. 不斷展現決心，並不斷釋出正面訊息鼓勵團隊。

　　做好上述驅動轉型及做好轉型的 12 要項，依筆者經驗成功機率將大增。

　　1998 年我在大陸康師傅任職，當時公司經營上遇到極大困難，甚至一度嘗試賣子公司及母公司股權，當時魏董除了找錢救公司之外，他也異於常人的加碼投資轉型，因為他認為公司有錢可救得了一時，但如不轉型，問題依舊，救不了一世，他的真知灼見，日後讓整個企業集團成長數十倍，當時危機解

除之後常聽他說「企業轉型如果有錢的時候不做，沒錢的時候怎麼做？」，從此該企業集團進入不斷創生進化的高成長階段，也寫下台商發展的傳奇。後來我轉職進了 IBM，公司總裁也常說「Change, when business is good」，他的觀念與魏董一樣。於此也提醒產業，要轉型要變革，千萬別錯過最佳時機，當公司每況愈下時，愈難轉型。轉型就像健身，平日要做才會健康，生病時又虛弱又忙治病，難談健身及健康的身體。

我很慶幸台灣有台灣產業創生平台資源，可以協助產業趨吉避凶，找到轉型創生新方向，讓企業能夠基業長青與永續發展，善用此書案例及台灣產業創生平台的資源，相信這對台灣企業的未來，是極大的助力。

推薦序
藍湖創生，產業永續

簡禎富／國立清華大學清華講座教授兼執行副校長、
國科會人工智慧製造系統研究中心主任

　　子曰：「言而無文，行之不遠」，黃日燦創辦人在 2020 年號召了志同道合的產學界領袖，設立「台灣產業創生平台」，不僅行勝於言走訪全台 80 餘家企業，與優秀的企業經營者深入訪談，舉辦講座、論壇、企業調查白皮書與教育訓練，協助決策者調整思維，推動台灣產業升級轉型，進而立德立言無問西東，出版《企業創生・台灣走新路》的暢銷書，並榮獲 2022 年經濟部金書獎的肯定。後學非常榮幸應邀於「台灣產業創生平台」餐會分享《藍湖策略》，互動熱烈獲益良多，也因此開啟與幾位產業領袖更多的合作，藉此再次感謝黃日燦創辦人的提攜和鼓勵。

　　面對大國重回製造與地緣政治的競合賽局，以及人工智慧、大數據與資通訊技術驅動的工業 3.5／4.0 的產業升級與數位轉型，台灣企業如何運用有限資源突圍，找到永續經營的藍湖，布局下一階段的成長曲線，將面臨更大的挑戰。非常感謝黃創辦人再度精選 20 家企業標竿案例，彙整成書。非常榮幸擔任《企業創生 2・台灣關新局》推薦人，有幸先睹為快。黃

日燦創辦人領導台灣產業創生平台承先啟後展望未來，透過標竿案例的經驗傳承，讓讀者培養對大局趨勢的掌握，成為器大識廣的未來企業領袖。

後學深耕決策分析與智慧製造，透過產學合作研究檢驗實證效度，長期與半導體龍頭合作挑戰新極限，不斷夯實基礎，並在供應鏈上下游每個產業只選一家合作廠商，累積「問題點」的突破和串連，以掌握「產業鏈」脈動，進而外溢到其他產業，整合為「系統面」的大型複雜問題的解決方案。《企業創生 2．台灣闖新局》以產業個案的故事背景、升級轉型方向與具體作法為架構，從新產品新技術、開拓新客戶新市場新通路、發展新商業模式、到異業發展，涵蓋了產業界產品的生命週期，深度的剖析了台灣具有韌性與競爭力的企業，並整理「創生觀點」畫龍點睛，讓後學更深入瞭解以前沒有接觸過的產業，開闊視野也超越習慣領域，獲益匪淺，因此我非常開心推薦本書。

特別喜歡書中一句話：「過去的種種挫折，奠定了我再起的結構」，《企業創生 2．台灣闖新局》除了精彩的產業實證故事外，更彙整了成功企業文化與轉型接班的精髓，讓讀者更能夠體悟到當前台灣企業面臨的困境與挑戰，擺脫過去的慣性，掌握新產業的未來變化趨勢，並用更寬廣的角度去推動台灣產業的循序升級與穩健轉型，建構自己的利基市場，淬鍊出

產品力、品質、品牌等方面的核心價值,創造共生同榮的健全產業生態系統,使台灣成為千湖之藍、繁星之島。

　　垂直整合與水平分工兩種產業結構如天下分合循環,全球化和區域壁壘之間的擺盪,勢必影響台灣企業在不同地區的佈局和站位。隨著科技的發展,製造領域的競爭優勢將逐漸轉移成尖端設備和製造平台的競爭,勢必影響台灣製造業在價值鏈的地位和分潤,也擴大國家地區和企業個人的貧富差距。《企業創生 2 ．台灣闢新局》以產業實證與貢獻的角度出發,所選企業都是《藍湖策略》的標竿個案,透過精心編排的產業案例,讓更多關心產業界與學術界,或想瞭解台灣企業升級轉型課題的朋友,見樹又見林,掌握企業轉型的先機,為台灣經濟帶來突破性發展,使全民共享台灣產業共同升級的價值與福祉!

總主筆序
掌握方向、快速應變
抓住市場趨勢的領航者

黃日燦／台灣產業創生平台創辦人暨董事長

　　2021 年台灣產業創生平台出版「企業創生」系列第一本書──《企業創生・台灣走新路》之後，獲得企業領袖與眾多讀者的廣泛迴響，大家不僅從先行者的決心中，體認到企業升級轉型的必要性，也從先行者的經驗中，學習到具體可行的經營心法與執行方案；這些案例無論以成功或失敗收場，都能淬鍊出最寶貴的智慧，引領著其他人勇敢前行。

　　在此後的兩年間，世界局勢持續動盪，美中貿易戰、俄烏戰爭、通貨膨脹、缺工缺料等挑戰接踵而至，疫情解封後的變化更是劇烈；不少台灣企業赫然發現，過去的成功方程式已經不再適用，升級轉型的壓力更加急迫，但在此同時，種種外部環境與內部因素引發的危機，也為企業帶來轉機，逆勢開創新局者大有人在。

　　從疫情發生前到疫後，台灣產業創生平台持續為台灣企業升級轉型而努力，我們透過企業訪談，與最重要的決策者和經營者深度交流，一方面向企業取經，瞭解他們在成長歷程中的

重要拐點、以及如何擬定升級轉型策略的背後脈絡;一方面也不斷敲鑼打鼓、搖旗吶喊、穿針引線,鼓勵企業之間增加交流、擴展鏈結、共享資源,甚至進一步結盟組隊,以建構更強大的競爭優勢。

從平台訪談的經驗中,我們發現成功的企業有其必然與偶然,但都有值得肯定與借鏡之處。難能可貴的是,台灣企業普遍在創新、韌性與鬥力都展現可觀的優勢,是部署後天、前瞻未來時相當重要的力道。

2023 年我們從中挑選並整理了 20 家企業個案,出版「企業創生」系列的第二本書──《企業創生 2・台灣闢新局》,涵蓋的企業類型相當廣泛,從傳統產業到高科技產業、從成熟企業到新創團隊、從醫療系統、大學到社會企業都有。

我們看到不少在本業上發揮到淋漓盡致的典型,像是大成長城、晶心科技、台中精機、舊振南都是此類;也看到一些勇於嘗試跨域跨業的個案,諸如崇越、將捷、中國砂輪、中華精測;有些企業努力開拓新客戶、新通路,走出自己的差異化路線,像是瓜瓜園、緯穎、Appier、神基投控;有些企業開創新的商業模式或改變生態圈,像是好心肝、北醫大、秀傳醫院、鉉昇。

更有甚者,保瑞靠著連續併購,從藥品代理商變身大型製藥廠,躍居生技股王;台達電靠著有機成長與投資併購的左右

腳並進，從電子零組件轉型為解決方案供應商，並成為台灣電子業最重視永續價值的代表性公司之一。

我們也看到不少「化危機為轉機」的絕佳案例：中磊電子無畏美中貿易戰與疫情的衝擊，從 ODM 轉型為直接供貨模式，在 4 年內創下營收倍增的佳績；微熱山丘則是利用疫情期間大練兵，跳脫鳳梨酥伴手禮的市場，積極開展生活甜點與觀光園區兩大新事業。

比較抱歉的是，因為篇幅有限，我們無法呈現所有訪談過的企業案例，但我們要特別感謝每一家接受我們訪談的企業，許多企業都是由創辦人與專業經理人、或者兩代經營者共同接受訪談，知無不言、言無不盡地分享他們的策略心法，同時也願意讓平台在網站、電子報與書中刊載這些精彩故事。

除了盡可能完整呈現企業的升級轉型歷程外，我在每篇文章的最後，也會整理出自己對該企業經營思維與成長策略的一些觀察與淺見，希望透過這樣的互動，收到拋磚引玉的功效。涓流成海，我相信這些實戰智慧點滴累積起來，必能激盪出更多火花，讓企業在升級轉型的路上不覺得孤單、而有相偕同行的感覺。

我一直相信，成熟企業是台灣經濟成長的關鍵引擎，如果成熟企業都能往前跨一小步，台灣經濟就能跨一大步。在產業典範快速移轉、全球政經局勢詭譎多變的時刻，深切期盼台灣

企業家都能從本書中找到更多的啟發與指引，以更宏觀的格局與視野建構新的成長策略，成為掌握方向、快速應變、抓住市場趨勢的領航者。

目次

第一部　新產品新技術

從農場到餐桌，大成靠自我成長打造農畜食品王國

「我們是微利生意（Penny business），要想辦法讓各種成本更有競爭力，才有機會賺到管理財！」──大成長城集團董事長韓家宇

建立雙成長引擎，晶心科打造台灣芯的馬拉松競賽

「同一曲牌可以創作不同詞曲，RISC 架構也不應只有 Arm 一家供應商！」
──晶心科技董事長林志明

走過 15 年重整路，台中精機靠本業華麗蛻變

「工具機產業沒有英雄、也沒有獨角獸，就是靠著團隊合作、齊心打拼！」
──台中精機董事長黃明和

從冷衙門到小金雞，
中華精測靠自主研發不斷勇闖新戰場

「我們創業是無心插柳，柳成蔭。柳樹的生命力非常強盛，只要有一塊小小的土地，加上陽光與潮濕的環境就能活下來。」──中華精測總經理黃水可

第三部　新商業模式

第 **1** 部

新產品新技術

第 **1** 章

大成長城
從農場到餐桌
大成靠自我成長打造農畜食品王國

「我們是微利生意（Penny business），要想辦法讓各種成本更有競爭力，才有機會賺到管理財！」

—— 大成長城集團董事長韓家宇

轉型關鍵

背景	升級轉型方向／方式	具體作法
本業成長趨緩	開發新產品	從上游的原料往下游的食品及餐飲延伸，另擴展植物肉、寵物食品，也從動物營養品延伸到人用保健品
本業成長趨緩	合資擴展新事業	採用合資方式快速取得技術或品牌，例如與漢堡王、勝博殿合資，與日本昭和產業合資成立麵粉廠與蛋品廠，與印尼華僑黃金輝合資經營根島生態蝦

　　距離大成長城集團內湖辦公室不遠的街邊，有一個白底黑字的醒目招牌──「大成美食生活體驗店」，裡頭販售的牛肉麵、排骨便當、燒臘便當、比薩、蔬食及輕食，還有冷凍食品及烘焙品，都是使用大成集團自家的肉蛋魚蝦，嚴格把關製作，充分展現了大成從農場、工廠到餐桌一條龍的垂直整合優勢。

　　成立至今超過一甲子的大成集團，從最早的豆油及豆餅，到現在已經成為橫跨上游農畜漁牧到下游食品餐飲的農畜食品集團，完整涵蓋育種、飼料、防疫、養殖管理、動物營養、電

宰、實驗品管、食品加工、餐飲管理等專業，近幾年更是大舉在台灣投資興建新廠，並投入植物肉、寵物食品、人類保健品等新事業。

本身是圍棋高手、善於運籌布局的大成集團董事長韓家宇，在過去 20 ～ 30 年間，如何靠著自我成長帶領集團開枝散葉？如何建構核心競爭力？近幾年何以大手筆在台灣擴建新廠？未來又有什麼新願景？

建構五大關鍵競爭力

在美國念電腦工程的韓家宇，在高科技公司從事研發工作達 15 年，40 歲那年回到台灣，完全是餐飲業的白紙，加入大成集團擔任董事長特助。1991 年被指派接任集團轉投資的漢堡王總經理，一路歷練採購、營運、行銷、業務等工作，打下厚實的企業管理基礎。

他表示，世界最好的咖啡在義大利，但星巴克打造連鎖咖啡店將其發揚光大，比薩及塔可餅分別來自義大利及墨西哥，但也是由美國的連鎖餐飲體系推廣到全世界，經營漢堡王學到很多美國連鎖餐飲的制度，無疑是很好的訓練！

身為韓家第二代老大的韓家宇，在 2001 年接班，帶領大成集團衝刺成長。他不僅引進目標管理、平衡計分卡等管理工具，並將科技業常用的思愛普（SAP）企業資源規劃（ERP）

系統在 2003 年導入公司、2005 年上線，成為台灣食品業的第一家。原本每月結帳要 7 ～ 8 天，上線後可加快到 2 ～ 3 天，如今 30 幾個事業單位的營收與獲利，每天都可呈現，不僅財會部門可妥善運用，主管也能充分掌握公司動態。

對於大成的成長茁壯，韓家宇歸納分析其中的關鍵，一開始是具備管理財、技術財、機會財等三大優勢，後來從 B2B 產品轉向 B2C 產品後，加上 2014 年台灣發生食安事件，大成在品牌財、通路財也日益展現價值，構成五大核心競爭力。

當時許多食品廠都捲入風暴中，但大成因固守品質與商譽全身而退，許多店家都在門口放置大成的沙拉油鐵桶，證明自家採用的食用油沒有問題，這讓韓家宇驚覺，原來品牌是很有價值的！

微利事業首重管理

「我們是微利生意（Penny business），因此必須錙銖必較，要想辦法讓各種成本更有競爭力，才有機會賺到管理財！」韓家宇一語道出農畜行業的特性。

他認為除了房地產、高科技、金融、能源等少數產業外，多數企業都是 Penny business，都是做苦工、一分一毫戰戰兢兢地賺錢，因此管理相當重要。他尤其看重投資報酬率（ROI）

及資產報酬率（ROA），用來掌握毛利率及周轉率，新的投資案也一定會評估這兩大指標。

在技術財方面，農畜產業看似單純，但裡頭有不少 Know-how，例如養雞、養豬、育種要懂營養學、免疫學等，韓家宇坦言他自己對這方面很有興趣，有段時間大量閱讀醫學、生物領域的書籍，公司後來也成立了動物疫苗廠、生技廠，都是為了進一步成為技術解決方案的提供者。

第一次明顯感受到機會財，則是 2008 年 9 月發生金融危機時。他回憶說，當時石油、原物料的價格，從雲端突然跌到谷底，但大成在 2009 年 3 月仍繳出很好的獲利成績單。分析原因後發現，食品廠平常採購大量穀物及原料，當原料價格波動時，只要兩地之間有時間差，又有足夠庫存時，就會產生套利空間。金融危機時的情況固然比較特別，但平常每年也會發生幾次，就是公司賺價差的時機。

從本業不斷衍生產品

大成從農畜產品一路做到餐飲、寵物食品、植物肉及生技保健品，看似戰線極廣，但說穿了這些產品都有一定脈絡：屬於食品業的上下游關係。韓家宇坦言，這些產品都有一定關聯性，屬於本業的衍生，嚴格說來只有動物疫苗廠比較不相關，但這是自己很有興趣的產業。

　　儘管產品線不斷延伸，但大成長期以來不靠併購，幾乎都是靠自我成長來擴張版圖，究竟如何培養新技術？韓家宇說，植物肉跟寵物食品雖是新產品，其實跟原本的製作材料很接近，也會用到現有的專業知識及技術。另一方面，因為長期畜養豬雞，累積了豐富的動物營養配方，相關技術與經驗均可運用在寵物食品上。

　　大成也很重視生產流程的改善。韓家宇透露，他去日本昭和產業參觀時，發現他們有個獨特的「RD&E」中心，相較於一般企業只講研究開發（R&D），昭和又加上一個生產技術（Engineering），負責落實品質穩定和流程的改善，就跟台積電最重要的競爭力之一就是良率，因此大成也日益重視生產流程技術。

　　舉例來說，過去植物肉吃起來口感欠佳，大成不僅投入研發食材，並成立機械小組，拆解研究市場上的機器，因此能結合優質植物蛋白配方及獨特的濕式擠壓技術，創造出媲美真肉的纖維口感，廣受消費者好評。

　　為了提供更高品質的食品，這幾年大成也成立了「美味實驗室」，延攬食品專業領域的研究人才，用科學來研究及檢驗美味；此外，大成也成立品檢中心，斥資上千萬採購高效能液相層析質譜儀（LC／MS／MS）及高效能氣相層析質譜儀（GC／MS／MS），可快速精準檢驗藥物與農藥殘留，為消費者

的食安把關。

跨足植物肉與寵物食品

　　大成現在的品牌已經涵蓋各種農畜產品與餐飲，農畜產品有安心雞、鹿野土雞、大成蛋品、根島生態蝦、桐德黑豚等；餐飲品牌則包括中一排骨、勝博殿日式炸豬排、檀島香港茶餐廳、岩島成麵包等。近年來更是跨足植物肉及寵物食品等新領域，分別推出 Neo Foods 及 GOMO PET FOOD 兩個品牌。

　　「大成從 2009 年大躍進之後，就一路好到現在。」韓家宇認為，大成在產品、品質與技術已累積相當優勢，例如我們以 3 個品牌欣光、新食成及大成，參加 2022 台北牛肉麵節，在調理包組一口氣包辦前 10 名中的 3 名；另外寵物食品也在第 19 屆國家品牌玉山獎榮獲三項大獎，都是很好的肯定。

　　不過他也坦言，好產品要有好通路才能賣，大成在通路財這方面仍有待加強，未來誰控制通路誰就能控制產品，這是必然的現象；通路跟網路的生態有點類似，都是贏家通吃，第 2 名僅能賺小錢，第 3、第 4 名就很難賺錢。此外，現在有些新產品如寵物食品，跟傳統性農產品的通路也截然不同，必須另闢蹊徑。

從區域性品牌邁向全球性品牌

近 2 ～ 3 年來，大成大手筆在台灣擴建新廠，一方面是因應產品線與品牌力提升後產能不足的問題，一方面也是為了後續的轉型發展，針對生技、植物肉、寵物食品等新事業超前部署。

其中比較重要的投資，包括斥資 24 億元在嘉義馬稠後設置食品園區，第一期占地 8,800 坪已經啟用，第二期占地 2 萬多坪，將設置全自動生產的調理食品廠、植物肉工廠、食品機械研發中心、冷凍冷藏食品倉儲物流中心；另外投資 10 億元，與昭和產業在彰化成立全台最大的蛋品廠，目前正在試車，未來每小時可處理 38 萬顆蛋；另外也斥資 15 億元在桃園富岡購得 1.5 萬坪土地，其中 6,000 坪計畫興建麵粉廠。

在台南方面，已在官田投資 14 億元擴建全能營養的生技新廠，未來將從動物營養品延伸到人用保健品，預計 2023 年底試車；柳營則將投資 5 億元設立寵物食品工廠，最快 2024 年完工。

「我們不怕投資，只怕沒有回收！」韓家宇強調，現在公司有賺錢，所以可以投資，形成良性循環。

大成長城的事業版圖遍及台灣、中國、東南亞等地，部分產品也銷往歐美，但韓家宇認為，跟日本大型企業、商社相較，大成長城充其量只能算是區域性公司，不能算是全球性公司。

但他強調，只要食品有品牌、有價值，都可以打國際盃，其中植物肉、寵物食品最有機會，在海外設廠也是可能選項，期許大成長城持續優化品牌、擴展通路，未來能從區域性公司真正成為全球性公司！

Q 您在《哈佛商業評論》台灣百大 CEO 評比中，屢屢在食品業中名列前茅，自己有什麼獨到的管理哲學？

A 我認為企業最重要的就是建構強大的團隊，而不是靠一個人領導，而最高主管只要做兩件事：指引方向及鼓舞士氣。帶領方向必須對環境變化有足夠瞭解，有數據支持，也要靠經驗判斷，才不會給了錯誤方向；另外主管必須具備財務會計的觀念，知道成本結構，才有辦法帶領公司。

企業家很重要的是能夠「與時俱進」（Go with the trend），景氣波動有上有下，外在環境也一直在變化，但只要公司能維持相對競爭力，就不用擔心被淘汰。這幾年疫情對產業影響很大，公司獲利也有衰退，但我一直告訴員工，如果是大環境的問題就比較沒有關係，如果是相對競爭力衰退就要注意，當別人賠大錢、我賠小錢；別人賺小錢、我賺大錢，就是維持相對競爭力。

Q 現階段大成尚無自成體系的通路，對通路布局是否有更積極的策略？

A 通路有很多類型，便利商店是一種，大賣場也是一種，但有些通路體系例如統一超商全台有 6,000 多家，的確很難取代。我們必須發揮自己的優勢，例如大成的蛋品有上百輛配送車隊，就是值得整合運用的通路。過去我們也有做過很創新的通路，例如在臺大醫院、榮總、三總設立醫院賣場，這是全世界首創的模式，而且可以複製到其他市場，我們也在中國的南京人民醫院經營醫院賣場，只不過大成做出成績之後，其他人也都加入競爭。

我們在嘉義馬稠後購置了 3 萬坪的土地，目前蓋了 8,800 坪，還有 2 萬多坪可以運用，這個食品園區希望與南部的通路夥伴策略聯盟，讓消費者選購具有豐富品項與價格競爭力的產品。我相信只要我們的食品做到最大最強，所有電商、物流平台都會找我們合作；過去網購環境不太成熟，但現在智慧型手機普及後，已經改變了整個經營型態，我們也會抓住這股潮流。

Q 在大成的發展歷程中，較多採取合資的模式，較少以併購來取得所需的生意、產品或產業，未來仍會維持這樣的策略嗎？

A 未來我們如果要成長到更厲害的層次，一定少不了併購這

條路，但過與不及是必須拿捏的分寸；前幾年我們在研發植物肉的階段，就有考慮要併購一家台灣公司，但後來有些狀況所以放棄。我們對併購確實比較不熟悉，但也要考慮口袋是否夠深，如果有更多現金，自然可以鎖定更多機會，例如部分技術很強、管理不夠好的日本企業，撇開企業文化的差異不說，或許是不錯的併購標的。

我們在擴展事業時，還是比較喜歡採取合資的模式。舉例來說，1980 年代中期美國速食店引進台灣時，與大成有合作關係的美國代理商就找我們一起經營漢堡王，日本勝博殿進入台灣時也找我們合資。我們跟日本昭和產業的淵源也很久，早從 2003 年，雙方就在中國天津合作裹粉廠，2014 年又在天津與上海合作麵粉廠，都有不錯成績；幾年前昭和主動找我們一起進軍東南亞，但我們建議可以先發展台灣市場，雙方針對雞蛋、麵粉設立兩家合資公司，其中蛋品已經做到台灣第一，市佔率約 1 成，昭和的麵粉技術很領先，未來在麵粉市場也有不錯的成長機會。

印尼的根島生態蝦現在也經營得很好，獲利創新高，2008 年由大成跟印尼華僑黃金輝合資成立 PT Mustika Minanusa Aurora，原本主要外銷日本，現在已經銷往台灣、韓國、歐美等世界各地。

Q 現在已有具體的接班計畫嗎？對未來的大成有何期許？

A 現任總經理韓芳豪是第三代，他在美國念電腦工程，並取得北京清華大學 MBA，他的表現比我預期更好。其實在我的想法中，不一定要由家族的成員接班，但如果第二代、第三代中有人表現特別好，他們來擔任 CEO 當然比其他人更穩定，推動業務起來也會更順暢。為了讓年輕人順利接班，現在我們已經奠定很多基礎，例如在嘉義馬稠後有 3 萬坪的食品園區、桃園富岡也有 1.5 萬坪土地，讓他們有許多發揮空間。

跳脫本業優化的慣性
大成可探索全新商業模式

1. 大成長城集團 60 多年來的發展，幾乎都是依附在既有產品的基礎及架構下進行布局，從 B2B 的原物料事業賺到第一桶金後，開始投資跨足 B2C 的餐飲事業，但不管是自行發展或與外部合資，都是在一定的脈絡下採取漸進式升級，透過產品、技術、市場、客戶的優化，不斷開枝散葉、攻城掠地。不過，因為核心競爭力夠強，公司較專注於本業衍生與優化的主軸，比較缺乏併購與跨業的嘗試，即便是植物肉、寵物食品等新事業，仍不脫產品思維。

2. 相較於同樣是食品業的統一，有不少商業模式及跨業的發展，大成或可稍微跳脫產品思維和本業優化的 DNA，考慮提撥一部分資源去嘗試跨業的創新，探索不同的商業模式與生態系統來提升客戶黏著度。未來柴米油鹽這些東西的經營型態，很可能跟過去截然不同。韓芳豪接棒後就是不錯的契機，可以建立新世代的團隊，擺脫過去的慣性，用更寬廣的角度去推動升級和轉型。

第 **2** 章

晶心科技
建立雙成長引擎
晶心科打造台灣芯的馬拉松競賽

「同一曲牌可以創作不同詞曲，RISC 架構也不應只有 Arm 一家
供應商！」

——晶心科技董事長林志明

轉型關鍵

背景	升級轉型方向／方式	具體作法
建立第二曲線	開發新產品	第一代的 AndeStar V3 架構扮演財務上的支撐角色，換取後續的產品疊代創新機會，2017 年又推出靠攏開放原始碼的商用級 RISC-V CPU 核心，成功建構雙成長引擎，躍居全球第二。
台灣市場趨飽和	開發新市場	以台灣 IC 設計公司的銷售實績，積極擴展中國與美國等海外版圖，並於美國設立北美研發中心，目前中國與美國各貢獻約 25～30% 營收。

座落在新竹公道五路上的台肥 TFC ONE 商辦大樓，有艾司摩爾（ASML）、輝達（NVIDIA）、晶心科技進駐其中，它們有一個共通點：都是重要的半導體上游供應商，其中晶心科雖然名氣不像其他兩家外商響亮，但歷經 18 年深耕，目前是台灣唯一、世界第二大的 RISC-V 處理器矽智財（Intellectual Property;IP）供應商，更是台灣 IC 設計公司擺脫國際大廠箝制、

開發自主晶片的神隊友！

　　晶心科自 2017 年上市以來，連續 6 年營收創新高，IP 產品獲得國內外一線晶片設計公司青睞，累計商業授權合約已超過 450 份，看起來相當風光，但很難想像它曾歷經 10 年虧損、燒光 10 億元資金，差點淪落夭折的下場，要不是聯發科董事長、晶心科前董事長蔡明介與行政院國發基金一路支持，台灣就無法孕育出這家世界級的處理器 IP 公司，更沒有機會在前景看俏的 RISC-V 市場佔有一席之地。

源自矽導計畫，自主開發處理器核心

　　晶心科成立於 2005 年，源自政府的矽導計畫。當時包括聯發科在內的許多台灣 IC 設計公司都向政府反映，Arm 態度太強勢、賺走太多錢，排擠 IC 設計業的獲利空間，連帶也影響企業投入創新的意願。

　　晶心科董事長暨執行長林志明表示，Arm 在市場上具有訂價權，多年來在商業、技術、法務上把大家壓得喘不過氣，因此時任交大校長的張俊彥主導推動五個處理器計畫，登高一呼打造「台灣芯」，藉以擺脫對外商的依賴，這就是台灣 IC 設計界的「新十大建設」。

　　林志明表示，當時投入 10 多億元資助的 5 個台灣芯計畫中，有 3 個處理器（CPU）和兩個數位訊號處理器（DSP），

分別委由工研院、大學、半導體公司以科專型態承接執行，但多數計畫在繳交開發報告後就結案了，並未實際商用化；只有聯發科委由晶心科開發的 CPU IP 發展至今，另外凌陽的 S-core CPU 研發團隊則與工研院的 PAC DSP 研發團隊組成凌陽核心科技，轉向開發多媒體晶片。

聯發科接手台灣芯計畫後，寫出厚厚一疊的可行性計畫，但當時聯發科手機晶片剛上市、前景一片大好，無暇執行這項計畫，於是聯發科董事長蔡明介找上轉投資的智原總經理林孝平幫忙，力邀時任智原副總的林志明共同創辦晶心科，在張俊彥及蔡明介的引薦下，包括聯電、聯發科、國發基金都參與投資。

擺脫國際大廠箝制，與 Arm 直球對決

晶心科一開始就鎖定 RISC 架構開發自主 IP，即便當時 Arm 已經獨占鰲頭，但為了台灣晶片自主研發的長遠之計，下定決心就是要跟 Arm 直球對決。

相較於英特爾為首的電腦處理器都是採用 CISC（Complex instruction set computer）架構，主要應用於 PC，主打高效能應用，因此晶片較大也較耗電；RISC（Reduced instruction set computer）架構則相當精簡，不僅晶片小、耗電量也低，適用各式各樣的嵌入式裝置，1978 年 RISC 陣營精神領袖大衛・帕特森（David Paterson）研發第一代產品後，就廣受業界矚目。

「RISC 架構不應只有 Arm 一家供應商，」林志明斬釘截鐵地說。

簡單來說，RISC 與 CISC 就是晶片的基本核心架構。Arm 與晶心科都是投入 RISC 體系，林志明比喻說，就像蓋房子要有建築師設計出架構，雖然蓋 5 層樓房跟 20 層大樓的規格不同，但基本架構還是一樣。再以古人詞曲為例，中國傳統戲曲根據其曲牌自由創作，同一曲牌可以填寫不同的詞，不會只有一首「念奴嬌」。

不過，開發自主的矽智財可不是簡單任務，從指令集架構、處理器核心、硬體與軟體平台都要一手包辦，晶心科有超過 100 人的團隊在開發軟體，光是作業系統、Linux、即時作業系統（RTOS）就有 10 幾種，其他還有開發工具、軟體堆疊、人工智慧等，「為的就是要一路打通，提供客戶完整的解決方案，」林志明這麼說。

晶心科創立之初因投入鉅額研發預算，2015 年前都處於虧損局面，合計燒掉約 10 億元。林志明坦言，新創 IC 設計公司在成立 5 ～ 10 年是最難熬的階段，許多時候是 10 年有成但死在第 6 年，經常還沒繳出成績單就被判定死刑。畢竟矽智財的產業特性就是需要「累積信任」以及「持續堅持」，要先取得客戶的信任，願意採用，爾後又必須等到客戶設計定案（tape out）後轉量產、出貨量逐漸放大，收益才會穩定成長。所幸

蔡明介與國發基金一路支持，歷經三次減資度過難關，才讓晶心科等到開花結果的一天。

一般來說，矽智財的主要營收來源包括一次性的授權金及量產權利金。隨著客戶陸續導入晶心科的 AndeStar V3 架構，2013 年起權利金挹注收入，晶心科也逐步在業界站穩腳步，權利金從原本營收的 2 ～ 5%，近幾年更是大幅成長，已佔整體營收的 28 ～ 30%。

兩代產品接棒上陣，擴張國際版圖

另一方面，晶心科採取先自主開發、後靠攏開放原始碼（OpenSource）的策略，建構雙成長引擎，讓先推出的 AndeStar V3 架構扮演財務上的支撐角色，換取晶心科後續的產品疊代創新機會，並於 2017 年推出商用級 RISC-V CPU 核心，對公司長遠發展、站上全球第二的位置堪稱關鍵佈局。

林志明指出，目前公司有兩條主力產品線，其中 AndeStar V3 已推出 21 ～ 22 個處理器 IP，涵蓋低階到中高階，至於 RISC-V 架構則是現階段主力，目前投入 95% 資源開發產品及擴展客戶群。為了投入 RISC-V 陣營，晶心科在 2016 年以創始會員身分加入 RISC-V 國際協會，林志明並身兼 RISC-V 國際協會董事，掌握最新技術進程並積極倡議推廣 RISC-V，也讓自家 RISC-V 核心的能見度大增，目前已佔公司整體營收的 7

成以上。

　　相較於多數 IC 設計公司都是「一代拳王」，每款晶片頂多只能銷售 3 ～ 5 年，好的處理器產品生命週期可達 20 ～ 25 年。他舉 AndeStar V3 為例，從 2007 年開始銷售，至今仍持續貢獻權利金、甚至還有新授權客戶，但只需要投入少數資源維護產品及關係即可，充分發揮長尾理論的效果。

　　回顧晶心科這些年的發展，林志明坦言關卡不斷，例如多次減資造成人心不穩，員工流動率超過 20%，所幸核心幹部幾乎都有留下來，「只傷皮沒傷到骨」；另一方面，產品要不斷疊代發展，對研發團隊也是一大挑戰；在市場拓展上，一開始國際客戶的信心不足，侷限於本地客戶，但靠著台灣土地的養分順利長大，由於平均價格約為 Arm 同級產品的 7 成左右，市場競爭力不弱，目前已打入台灣前 15 大 IC 設計公司中的 8 家。

　　在站穩台灣市場之後，晶心科也積極擴展海外版圖，在大陸與美國市場頗有斬獲，已分別設立子公司，目前兩大市場各貢獻約 25 ～ 30% 營收，美國已有兩家世界級客戶，其中一家是晶心科連續三年的第一大客戶；但歐洲方面受限於語言與幅員，主要透過代理商銷售，發展情況不如預期，營收比重僅佔 7 ～ 12%。

　　為了因應美國的龐大需求，晶心科已在美國西岸設立北美研發中心，提供客製化開發及銷售服務。林志明表示，儘管台

灣研發板凳實力堅強，但仍然要持續專研，有時一個閃失錯過先機，可能就錯過高毛利的時期。基於台灣半導體人才成本快速飛漲，未來研發團隊擴展將以美國為優先，預期將從現有的 10 人快速成長到 100 人，投入 RISC-V 下一世代產品的開發。

投資高階產品，搶攻龍頭地位

晶心科除了在觸控面板擁有很高市佔以外，目前主要應用領域還包括 Wi-Fi、藍牙等無線裝置、儲存設備、AR/VR、物聯網、微控制器等，以及 5G、AI、資料中心等高階應用。林志明指出，隨著新授權簽約數、新產品種類、客戶平均售價同步增加，讓公司營收持續穩定成長。

另一方面，晶心科也瞄準新興車用市場，即將推出首款符合 ISO 26262 的 ASIL-D 車規認證 CPU。林志明強調，車用CPU 的設計流程與認證規範，跟過往產品很不一樣，因為與行車安全息息相關、而且必須快速反應，雖然投入很多人力開發，仍須經過許多認證程序，但啟動後一定會是更長期的合作，客戶要求支援 10 ～ 20 年，產品生命週期可望拉得更長。未來每年都計畫推出一款車用 CPU，藉以滿足客戶的不同需求。

在歷經 2021 年的 35 億元 GDR 募資後，目前晶心科約當現金已有 40 億元，計畫大舉投入新產品、新市場的開發。林志明指出，現階段幾個重要任務包括擴大高階產品線、投入 7

奈米晶片、深耕北美研究中心、加強歐洲市場經營等。其中 7
奈米晶片預計投入數億元開發投產，但並非是要跟客戶競爭，
而是要幫助客戶更快做決策。

　　過去的處理器核心主要採用現場可程式化邏輯閘陣列
（Field Programmable Gate Array；FPGA）來展示效能，但隨著
高階應用日益普遍，必須要用實體晶片才能展示。「我們會謹
守 IP 供應商的原則，維持平台型的商業模式，不會自行銷售
晶片，而是將相關 IP 授權給客戶量產，這是對客戶的幫助不
是威脅！」林志明強調。

　　隨著蘋果（Apple）、英特爾（Intel）等國際大廠都積極佈
局 RISC-V 領域，目前處理器已經成為 x86、Arm、RISC-V 三
分天下的局面。放眼未來，晶心科勢必會在 RISC-V 生態系中
扮演日益關鍵的角色。事實上，晶心科今年初才與英特爾宣布
合作，將為英特爾晶圓代工服務（Intel Foundry Services; IFS）
生態系提供各式 RISC-V 處理器以及整合軟硬體開發環境，涵
蓋低功耗微控制器（MCU）、資料中心伺服器等應用，英特
爾也將貢獻設計生態系、製程技術、高階封裝技術及製造能
力，一同擴展 RISC-V 生態系。

　　儘管處理器市場的競合關係日趨複雜激烈，但晶心科憑
藉累積超過 100 億顆晶片的銷售實力、完整的產業生態系統關
係，已在 RISC-V 陣營取得有利位置。放眼未來，林志明期許

晶心科能夠實現蔡明介的願景：「抱持誠信正直的態度，追求驅動創新與永續經營」，邁向 RISC-V 處理器的第一名。

Q 台灣是否有企業做過類似晶心科這樣的商業模式？

A 早在 2005 年晶心科成立之前的 3 ～ 4 年，包括學界、業界都有嘗試過，但矽智財真得沒那麼好做，要找到對的團隊，不能有太多公公婆婆，之前曾有公司找來 300 個教授，結果七嘴八舌什麼都做不出來。過去業界也常發生抄襲事件，甚至有直接拿美國晶片來貼牌的，顯示 IP 的開發難度確實不低。

Q 人才是企業長遠發展的根本，晶心科如何招募人才？

A 這幾年台灣半導體產業的人才成本快速飛漲，過去是美國的 1/3，現在已經到 1/2，再過幾年可能就要追平了；除了薪資的問題以外，人才供應不足的問題也日益嚴重，即便各大學成立半導體研究學院，但如果都被特定廠商吸納，也會排擠到其他半導體公司的選才空間。

由於台灣高科技人才未來不再有成本優勢，同時也有供應總量的問題，晶心科的對應方案就是到美國找人，要用就用最好的人才；畢竟美國是全球 IC 設計業的龍頭，擁有豐富的人才庫，

因此我們到美國成立北美研發中心，除了研發以外，也可就近提供美國客戶更好的銷售服務。

Q 晶心科是否考慮過併購其他公司？

A 我們一直有將併購列為選項。現在因為經濟景氣及環境變化大，在台灣跟國外都有許多團隊經營不下去，過去我們曾吸納過台灣與國外兩個團隊，各有 5 ～ 6 人加入晶心科，但不是採取併購，畢竟關鍵在於人而非公司的殼。

Q SiFive 成為獨角獸，對晶心科有何啟發？

A 晶心科在 2005 ～ 2015 年時每年虧損 1 億元，累計燒掉 10 億元，但 SiFive 自 2015 年成立至今已經燒掉 150 億元，顯見這個產業的進入門檻很高。SiFive 的營收主要來自於已經出售的旗下 IC 設計公司 OpenFive，IP 僅佔一小部分，以此估算 SiFive 在 RISC IP 市場排名第三，落後排名第二的晶心科。事實上，SiFive 前任執行長納威德‧謝爾瓦尼（Naveed Sherwani）過去就對晶心科讚譽有加，其離職後成立新公司 RapidSilicon，也是採用晶心科的 IP，可以看出我們有很好的競爭力。

創生觀點 ···

晶心科「十年磨一劍」有成，
未來要靠「海納百川」進階升級

1. 晶心科「十年磨一劍」，從 V3 到 RISC-V，成功站穩矽智財全球市場，坐二望一，隨時有機會彎道超車，搶攻龍頭寶座。晶心科應驗了「有志者事竟成」的古諺，只要功夫紮根下得夠深，鐵杵也可以磨成繡花針。晶心科做得到，有為者亦若是。

2. IC 設計產業的核心競爭力在於人。晶心科的崛起主要依靠台灣本土研發人才的板凳實力，但未來的持續成長茁壯卻必須放眼全球，要能「海納百川」吸引各國優秀人才，才有希望長治久安，永續經營。晶心科擴展北美研究中心是關鍵第一步，將來如何有效建立跨國兵團，是晶心科進階升級的首要課題。

第 3 章

台中精機

走過 15 年重整路
台中精機靠本業華麗蛻變

「工具機產業沒有英雄、也沒有獨角獸,就是靠著團隊合作、
齊心打拼!」

—— 台中精機董事長黃明和

轉型關鍵

背景	升級轉型方向／方式	具體作法
市場同質化競爭	開發高值化設備	成立顧客創值應用中心，以高附加價值的客製化訂單取代傳統的量產型設備，擴展加值應用服務，並發揮從鑄造、鈑金、自製零組件到加工組裝的垂直整合效益。
市場同質化競爭	強化智慧製造	斥資35億元興建智慧工廠，強化自動化製造與倉儲管理能力，提高產品競爭力

　　位於台中大肚台地的「台中市精密機械科技創新園區」，短短 60 公里內形成了台灣最重要、對世界也極具影響力的精密機械產業聚落，包括大立光、上銀、友嘉均進駐其中，台中精機在 2019 年落成啟用的全球營運總部，也座落在該園區精科中二路的一個小山丘上，並斥資 35 億元興建打造了一座嶄新的智慧工廠，擁有現代化的建築外觀、充滿藝術氣息與綠能設計的工作環境、和智慧化的自動化製造與倉儲設備，創下台灣精密機械業在國內的最高投資紀錄。

　　但外界可能很難想像，台中精機在 1990 年代末期，因為透過股票質押大舉融資擴張、後被亞洲金融風暴掃到颱風尾，慘遭部分銀行雨天收傘而陷入財務危機，現任董事長暨總經理黃明和面對艱辛、扛起重擔，歷經違約交割、股票下市、公司重整的低潮期，終究靠著堅強的意志力與團隊的戰鬥力，掌握工具機產業復甦起飛的契機，2013 年提前完成重整。總部蜿蜒道路的尾端，就矗立著「浴火鳳凰」的藝術作品，象徵著公司已踏上重生再起之路。

黑手創業、白手起家

　　台中精機創立於 1954 年，是由黃明和父親黃奇煌及李道東、黃德金三人所創辦，堪稱標準的「黑手創業、白手起家」。黃奇煌是彰化和美人，因為彰化找不到好工作，就到台中的東洋鐵工所當起黑手學徒。日治時期結束後，他轉往另一家鐵工廠工作，習得工具機的一些技術，並結識了學財務的李道東，兩人開始學做捲菸機、稻殼機等農業機械，賺到第一桶金後，找上結拜兄弟黃德金一起創業，基於三人都是從外地來到台中打拼，便將公司定名為「台中精機」。

　　台中精機成立後，第一款開發的產品是牛頭刨床。當時每艘船都會購置一台刨床，做為機具故障時維修使用，黃奇煌為此特別前往高雄造船廠，購買俄羅斯製造的二手刨床，回來拆

解後自己繪圖、找零件加工組裝。牛頭刨床讓台中精機順利站穩市場，後來銷售到台灣、東南亞、東南美洲等地，累計製造了 5,000 台以上。

公司走過近 70 個年頭，眼看著其他機械公司載浮載沉，雖然台中精機也歷經風風雨雨，但終究還是挺過來了。黃明和笑說，可能是因為當時取名「台中」，比起以「姓氏」取名的公司更能長久，更沒想到一甲子過去，如今台灣最重要的工具機產業聚落就在台中，大家只要講到工具機就會提到台中，提到台中就會知道有一家「台中精機」，我們有名字優勢，也因此成為工具機廠商的代名詞。

黃明和這一輩共有四個兄弟，都在台中精機任職。大哥與二哥都是念台北工專（現台北科技大學）機械科系，大哥還取得日本東北大學工科碩士學位，被父親委以重任到美國開拓市場，他自己排名老么，與三哥都是唸淡江大學商管科系。

黃明和於 1977 年在淡江大學會計系就讀時，就開始在公司的台北辦公室工作，一邊唸書一邊做起銷售業務，他笑說自己雖然是念會計的，但其實對銷售比較有興趣。

1981 年他正式加入公司，主要負責企劃工作，從內銷一直做到東南亞、中國，1992 年更成為公司首批派去中國開疆拓土的先鋒部隊。

「工具機產業第一代多半是技術背景，我不懂技術，因為

是財務背景、負責行銷業務，比較沒有包袱，不管是後來協助公司上市、擴展海外市場、進行多元化投資，都比較願意衝，如果是做技術的人就會覺得這些是不可能的任務。」他強調。

正當公司發展蒸蒸日上之際，卻發生一件跌破眾人眼鏡的事情。原本黃奇煌屬意由大兒子接班，但在 1986 年父子倆竟因公司增資後的持股問題而意見衝突，後來更因貨款問題而徹底鬧翻。

因財務槓桿失利陷入危機

歷經此一事件，黃奇煌有鑑於其他三位兒子都還在公司任職，於是決定提早安排二代接班的計畫，因此先推動公司股票公開發行，這段過程黃明和均以其會計背景提供協助。台中精機於 1989 年上市後，因為業績穩健成長、加以工具機應用版圖日趨多元，獲得資本市場認同，股價長期維持在 100 元上下，但這也種下了後來公司大玩財務槓桿、因而瀕臨破產的一大原因。

台中精機股票上市後，因為股價表現不錯，且家族持股八成多，因此展開了一連串的擴張計畫，資本額也從 4 ～ 5 億元暴增到 38 億元，全盛時期市值超過 400 億元。

「當時我們股票滿手，三大家族的股票都是統一控管，加上民營銀行與票據公司大量出現，我們的股價一直在 100 元上

下，每股要質借 40 ～ 50 元很容易。」黃明和回憶說，公司用股票質押借了很多錢進行各種投資，包括經由香港去大陸投資設廠、設立許多海外據點，還投資了半導體設備、醫療器材等新產業。

正因對公司前景太過樂觀，且當時並未親身經歷過股票市場的大起大落，輕忽了以股票質借進行財務槓桿操作的高風險。1997 年爆發亞洲金融風暴，台灣股市也受到波及，許多企業紛紛透過投資公司進場護盤（當時尚未通過庫藏股制度），台中精機也動用子公司的資金護盤，但這是一個「無底洞」，當外資、法人殺紅眼、狂倒貨，公司護盤失利、股價持續崩盤，從 120 元的高點掉到變成雞蛋水餃股，加上若干銀行也「雨天收傘」，公司資金缺口愈來愈大，1998 年底遂爆發一連串的違約交割事件。

「當時大家沒有危機意識，沒想到股價會從 100 元跌到 40 ～ 50 元的斷頭價，為了護盤救股價，我們甚至把銀行額度的 20 億元都投入，無奈還是撐不住！」黃明和見證了公司從營運頂峰陷入財務危機，債務高達 67 億元，但因基本營運面沒有太大問題，仍可持續繳息，債權銀行大都同意協商，加上工業局的支持與財政部祭出紓困方案，公司暫時止血。

在紓困期間，銀行之間有協議不能軋票，沒想到竟然殺出不守規矩的「小人」！某家金融機構以軋票要脅私下還款，

公司擔心跳票會引發信用危機的連鎖反應，台中精機趕忙與主辦銀行交通銀行、花旗銀行討論，銀行團建議啟動重整程序，由於台中地方法院主持本案的重整法官過去對台中精機有不錯印象，願意給予重生的機會，債權銀行協商後投票結果低空飛過，台中精機自此展開漫長的重整之路。

「原本遇到小人覺得很氣餒，但沒想到卻成為公司的契機。」黃明和解釋說，債權協商前後花了兩年多才完成，因為景氣不好、協商起來相對比較容易，因為所有債權都重整，不用再支付沈重的利息，公司也才能存活下來，這是一個關鍵。

15 年還清 67 億元債務

公司歷經重大震盪後，幾位兄弟相繼退股並移居海外，只剩黃明和一個人在台重整旗鼓。但也因為這個抉擇，讓他成為台灣第一個以現有團隊將公司推動上市、下市、又重整成功的企業個案。

黃明和扛起重整大計後，開始大刀闊斧將與本業無關的轉投資事業處分完畢，並以堅守本業、保守經營為原則，不任意擴張信用，任何借貸一定有充足擔保，一方面持續投入產品的研發創新，一方面掌握工具機市場在 2000 年代初的黃金成長期，且採取有利潤才接單、不殺價搶單的務實策略，因此繳出不錯的獲利成績單，期間也多次提早償還債務，十餘年間就清

償了數 10 億元債務。

對黃明和來說，公司能順利度過難關，最大關鍵在於守住人才及土地等重要資產。他強調，「工具機產業為了增加競爭力，一定要購置自有土地及廠房，所幸當時並未變賣掉這些資產，到現在已有可觀的增值空間，成為公司永續發展的重要基石」；另一方面，公司多數的核心幹部及團隊員工，都願意共體時艱、留下來打拼，「這些資深幹部動輒有 20～40 年年資，靠著經驗累積下來的技術，是我們最寶貴的資產。」

歷經 15 年的生聚教訓，台中精機在 2013 年還清所有貸款，台中地方法院裁定重整成功，比原先計畫整整快了 5 年。

強化智慧製造與加值服務

挺過驚心動魄的財務風波後，黃明和不但沒有被擊倒，反而在重整期間抓住投資及擴張的好機會，不僅在大陸廣州及彰濱鹿港投資新廠，併購台灣最大塑膠再生廠尚億環保科技，藉以因應未來產能增加的需求、同時強化垂直整合的戰力。

在 2013 年完成重整的這一年，黃明和更是大手筆在台中市精密機械科技創新園區二期購置產業用地，隨後更斥資 35 億元打造全球營運總部暨智慧化工廠，並於 2019 年落成啟用。廠區占地近 9,400 坪，廠內建置了 4 條工業 4.0 自動化生產線，並有智慧倉儲、無人搬運車等創新應用，已成為台灣精密機械

與智慧製造的指標性示範廠區之一。

黃明和強調，工具機產業從早期的馬達、加工中心機（MC）、電腦數值控制（CNC），一直到現在的人工智慧（AI）、物聯網、自動化、工業 4.0，就是一直跟著電腦科技與時代腳步在演進；現在進入智慧製造時代，工具機廠商必須強化「製造服務化」的能力，不只要提供工具機，更要提供生產系統及整體解決方案，將維修保養升級這些服務全都綑綁一起。

有鑑於此，台中精機早在 2013 年就成立「顧客創值應用中心」，找來具有 20 ～ 30 年經驗的資深工程師，以他們的技術經驗加上創新應用與整合能力，幫客戶創造更多價值；訂單型態也因此大幅轉變，以高附加價值的客製化訂單取代傳統的量產型設備，未來更希望加值服務能從「間接營收」變成「直接營收」。

「相較於 3C 產業很會創造英雄，工具機產業沒有英雄、也沒有獨角獸，就是靠著團隊合作、齊心打拼！」他有感而發地說。

目前台中精機內銷的機台數與銷售額已排名第一，歷經這幾年的練兵，黃明和看好自動化生產線及加值應用服務的效應將逐步爆發，從鑄造、鈑金、自製零組件到加工組裝的垂直整合效益也會持續發酵。放眼未來，台中精機將以「綠色工廠、綠色機器和綠色目標」為核心訴求，並以「零碳智造未來」為願景，希望與客戶在下一個 70 年共創無限精彩！

Q 公司在產品研發與技術創新上，主要是靠內部能量嗎？是否曾考慮外部併購的機會？

A 我們主要都是靠自己研發。工具機的產品生命週期很長，客戶經常一用就是 30 ～ 40 年，只要技術能夠跟上德國、日本，就沒有被淘汰的問題。技術是靠經驗累積下來的，因此我們需要忠誠度較高的人才，透過內部研發能量不斷精進。我們比較不併購是因為企業文化和價值主張不同，我們不追求產品的廣度，而是走垂直整合，希望做得更精、更深、更遠、更專業，因此有自己的鑄造廠、自己的板金廠、自己的加工廠，當然也有自己的銷售服務團隊。我們在 1988 年曾經併購一家塑膠機公司，另外也投資生產專業齒輪的台穩精茂，但這些都比較偏向垂直整合佈局的一環。

Q 在爆發財務危機之前，公司其實也做過不少跨業、跨域的投資，現在對這樣的投資是否會趨於保守謹慎？

A 當時我們的確也嘗試跨足半導體設備，開發乾式真空幫浦，另外也與某集團合作投入醫療器材，只可惜沒有熬過 1998 年那一波，但現在回過頭來看，那些投資方向都是對的。

在海外佈局方面，我們很早就前往中國設廠，因此佔有一席之地，工具機廠商在 1990 年之前在中國市場幾乎是一片空白，因此規模都屬於中小型企業，直到 1990 年之後開發中國市場，

規模才走向大型化。另外，我們很早就進入歐洲、俄羅斯、中東等市場，在不少地方也都有不錯成績。

那次的財務危機讓我學會不能過度使用財務槓桿，因此現在各種投資都是採用有擔保的抵押，務求做好風險管理，不能再有差錯。現階段本業仍有不少發展空間，我的主要任務就是穩穩地將公司交給下一代。

Q 您提到工具機產業的人才非常重要，公司如何確保員工的忠誠度？

A 進入工具機產業的人有一種特質，比較腳踏實地工作，即使我們沒有實施員工股票選擇權的制度，員工多半還是很穩定，被資通訊科技（ICT）產業挖角的情況較少，年資數十年的幹部很多。台中精機的雇主招牌在中部地區算是管用，因此可以吸引到不少這個區域的人才，有些員工被同業挖角後，發現沒有招牌及相關環境不一定好發揮，最後還是回到我們公司。但如果是要聘用電子、電機這類的新人，要跟科技廠商競爭就比較辛苦。

Q 2006 年您帶頭成立 M-Team 聯盟，積極推動中部工具機產業的升級共榮，是否有可能進一步從聯盟關係發展成類似「邦聯」的合作關係．？

🅐 M-Team 由台中精機、永進機械、百德機械與台灣麗馳等四家中心廠、搭配幾十家協力廠所組成,大家在精實管理方面有很多交流學習,不過實際上要共同銷售比較困難,畢竟每家公司的主力市場不同、強弱項也不同。不過這個產業的特質並非全面競爭,競爭程度只有 2 ~ 3 成,許多客戶都與廠商、產品綁得很緊,大家各得其所、不太會殺價,未來仍有不少合作打群架的空間。

🅠 您過去曾多次提到希望從「家族企業」變成「企業家族」,能否分享其中的意涵?

🅐 從早期到現在,工具機廠商有很多都是家族企業,這個產業跟員工的連結性很高,員工及幹部的流動率不高,大家比較重情義,願意一直留下來打拼,同一家公司的夫妻檔、兄弟檔大有人在,彼此像是一個大家族。

另外,我們的協力廠、代理商也是如此,動輒合作 10 ~ 20 年,我們不僅將他們視為夥伴,甚至像是家人,因此我們組成 M-Team、G2 協進會等,讓工具機同業之間、二代之間有更多交流機會,並自 2013 年 9 月起開辦「台中精機客戶家族薪火相傳研習班」,希望從公司內部到整個產業,能夠打破原本的「家族企業」壁壘,形成關係更緊密的「企業家族」。

台中精機回歸本業創佳績
下一步應勇敢踏出跨業左腳

1. 台中精機歷經 10 多年重整，公司已經恢復元氣。早先用股票向銀行做短期融資進行中長期投資，因股價波動造成嚴重財務危機，實在有點可惜，如果當初能夠善用可轉換公司債、存託憑證、現金增資等工具，以公司股份為基礎進行籌資，即便會造成一定的股權稀釋，但不會有「以短支長」被銀行抽銀根的風險。「前事不忘，後事之師」，台中精機現在仍可考慮多用股權籌資方式，而毋需單靠銀行融資。

2. 台中精機早在 1990 年代就有超前部署、進行許多轉投資的跨業嘗試，可惜遇到財務危機而功虧一簣。經過痛定思痛後，公司現在回歸本業，腳踏實地使用右腳來追求自我成長，外部併購的左腳變得非常謹慎，是否有點矯枉過正，值得思考。如果只靠「自我成長」的右腳去推動垂直整合的本業精進，固然可以追求穩定成長茁壯，但卻不易跳躍轉型。若產業生態或經濟局勢面臨重大變化時，恐怕難以靈活而有彈性地調整因應。

3. 除了本業繼續優化以外，公司似應開始考慮跨業跨域發展的可能性，但也要記取過往教訓與經驗。鑑於二代經營者已建立策略聯盟與溝通平台，彼此之間有很多連結及互動，應可以此為基礎合作設立投資基金，集合眾力一起尋找跨業跨域的投資標的，再視成效評估進一步攻堅的可能方式。跨業跨域如果光靠自己單打獨鬥會很吃力，透過這種打群架的方式比較能事半功倍。

第 **4** 章

中華精測

從冷衙門到小金雞
中華精測靠自主研發不斷勇闖新戰場

「我們創業是無心插柳,柳成蔭。柳樹的生命力非常強盛,只要有一塊小小的土地,加上陽光與潮濕的環境就能活下來。」

——中華精測總經理黃水可

轉型關鍵

背景	升級轉型方向／方式	具體作法
市場開發不順	開發新客戶	高速測試板原本鎖定系統廠商，但並無明顯進展，後來轉攻 IC 設計公司，取代外商的解決方案，也從此跨足半導體產業
政府法規限制	切割成立新公司	為了擺脫「政府採購法」的限制，滿足半導體客戶快速變化的需求，從中華電信切割獨立
客戶集中度高	擴展新產品	為了避免特定客戶營收比重太高的風險，從高速 PCB 擴展到載板、再開發探針卡，透過產品多角化來分散客戶群，同時創造新的成長動能
自我成長有限	轉投資布局	成立測冠投資公司，尋求可能的併購標的，強化水平布局的完整度。同時也從內部的智動化事業處分割成立新創企業－揚弈科技。

　　走進中華精測（以下簡稱精測）位於桃園平鎮的營運研發總部，地下兩層、地上 10 層的建築，內外均呈現出結合科技與人文的企業形象，處處看得出打造工作效能及優質職場環境的用心設計。

　　很難想像的是，精測前身是中華電信研究院（原中華電信研究所）內部高速印刷電路板（PCB）團隊，2005 年分割成立公司，曾歷經到處跟銀行貸款、只能租用廠房的苦日子，被部分老同事譏笑一定撐不過 3 個月，開發新產品時也曾陷入研發團隊幾乎全數出走的慘況。

　　但精測總經理黃水可帶領的核心團隊，秉持過去中華電信研究院深耕研發的 DNA，從無到有持續開發新產品，並發揮獨有的 All-in-house 商業模式，目前已是橫跨印刷電路板、載板、探針卡在內的半導體測試介面重要供應商，在半導體非記憶體之微機電（MEMS）探針卡更是位居全球第三，甚至孵育出智慧製造的新公司。

　　精測從中華電信研究院的冷衙門，一路成長為中華電信轉投資事業中的小金雞，其專注研發、勇於跨出舒適圈及挑戰新市場的歷程，相當值得參考。

內部策略調整，只能向外找活路

　　中華電信 2005 年展開民營化，時任董事長賀陳旦鼓勵
內部單位成立新公司，所長梁隆星從內部挑選 7 位同仁，加上
30 ～ 40 位約聘員工組成。當時有 5 個公司名稱提案，包括中
華微機電、中華精測在內，最終賀陳旦拍板定名為中華精測。

　　「我們是無心插柳柳成蔭！」回憶起當初的創業歷程，
黃水可表示，其實從來沒有想過要成立一家公司，但為了讓部
門活下去，為了照顧所有同仁與其家庭的生計，只能不斷找出
路，最終還放棄人人稱羨的鐵飯碗，走上獨立創業之路。

　　精測核心團隊最早隸屬於中華電信研究所的製造維護室，
主要負責相關硬體的開發，包括高速傳輸網路、寬頻交換機等
設備，提供給中華電信的所有機房使用，培養了很多硬體人
才。但當相關設備研發到一個段落，完成驗證要進入量產階段
時，卻發生廠商控告中華電信侵犯智慧財產權的事件，硬體製
造業務就此式微，這個單位從此變成「冷衙門」。

　　為了讓自己的部門生存下去，當時擔任業務經理的黃水可
向所長梁隆星提議，要從接中華電信內部的案子改成接外面的
案子，雖然第一年業績目標跳票，但第二年就順利達標了。從
2000 ～ 2005 年，部門以承接外部專案的方式做了 5 年，開始
有了一些基礎，也意外走出一條活路，成為中華電信研究所唯
一賺錢的單位。

靠實力賺錢後，地位自然有所不同，參加所務會議時，從最後一個報告變成第一個，當時的主任開心地對黃水可說：「我現在走路都有風了！」所長的態度也大幅轉變，過去要以125 萬元購買一台時域反射儀（Time Domain Reflectometry；TDR），爭取了 8 個月才順利採購，後來每年 9 ～ 10 月有剩餘款，所長總是主動詢問需要採購什麼設備，充分印證了「業績會說話」的道理。

因緣際會跨入半導體產業

黃水可的部門，雖然研發出世界水準的高速測試板，但發現業界真正熟悉這個領域的並不多，因此決定舉辦技術研討會。原本擔心參與程度不夠踴躍，後來在電子設計自動化（EDA）代理商映陽科技主管的義務協助下，廣邀其客戶與合作夥伴來參加，結果現場座無虛席，200 ～ 300 人的場地塞滿400 ～ 500 人，他才發現業界對高速測試板的需求很大，更加深他們積極投入的決心。

一開始他們將目標客戶設定在系統廠商，後來有 IC 設計公司主動表達高度興趣，立刻跑去中華電信研究所找黃水可，興奮地對他說：「IC設計用的高速測試板長期被國外掐住脖子，現在終於有了本土的解決方案！」2000 年團隊正式跨足半導體市場，包括威盛、矽統、凌陽都與其合作，也讓他們賺進第

一桶金。

　　黃水可分析，團隊能夠在市場上站穩腳步，是因為有很清楚的定位，「我們知道比量產比不過別人，低階的測試板又是一片紅海，因此鎖定高階的測試板，剛好又遇到半導體測試介面的商機正在萌芽，因此找到了成長的養分。

　　「柳樹的生命力非常強盛，只要有一塊小小的土地，加上陽光與潮濕就能活下來。」 他這麼形容。

　　事實上，過去台灣半導體業界的測試載具都是向國外採購，經常要耗上 2 ～ 3 個月，但使用精測的方案則可縮短到一個多月，部分 IC 設計公司使用後發現品質穩定、交期快、售後服務也不錯，紛紛從向外商採購改成台灣自主供應。「精測對產業最大的貢獻，就是大幅提升半導體產業的競爭力，」黃水可自豪地說。

為突破法規限制，毅然放棄鐵飯碗

　　團隊在中華電信研究所內部已繳出不錯成績單，但最終會選擇獨立，關鍵在於「政府採購法」的諸多限制。黃水可強調，半導體產業發展很快，但中華電信被「政府採購法」綁住，光是採購零組件就要花兩、三個月，根本無法跟上客戶的需求，「如果不出來，在中華電信內部根本沒路可走！」

　　黃水可跟幾位夥伴在七夕情人節當天決定要創業，晚上回

到家告知太座，結果都被罵到臭頭。母親事後也跟他說：「原本你在中華電信抱著鐵飯碗，後來卻無緣無故說要創業，還要出資 1,000 萬元，這對身為窮苦農家的家裡可是一件難事！」言談之中難掩擔憂之情。

不僅家人不支持，黃水可還面臨銀行雨天收傘的困境。精測創立沒多久後燒光資金，黃水可代表公司向銀行貸款，結果不僅借不到錢，銀行眼看精測不再屬於中華電信，也沒有中華電信的擔保，竟要求立刻還錢，最後他找上個人房貸往來的銀行，拿自己的房子抵押，才解除燃眉之急。

當精測要切割獨立時，內外部充斥看衰的聲音，許多人譏笑說 3 個月就會倒，後來撐過 3 個月、又說一定拖不過 1 年。當時創業夥伴曾詢問許多同仁的創業意願，多數人都不看好而不加入，黃水可卻毫不猶豫成為編號第二號員工。他的想法只有兩個，第一是覺得這個產業可以做，第二是對團隊有牽掛，深覺不能讓團隊自己摸索，因此義無反顧的參與創業行列。

「在裡頭孵化不出什麼東西，一定要拉到外面才有彈性及速度！」黃水可語氣堅定地說。

創業初期相當辛苦，黃水可回憶說，為了照顧員工的肚子，只能到處找訂單、開發專案，想盡辦法填飽產線，忙到天昏地暗。而且成本控管非常嚴格，不僅廠房是租的，連機台都是使用過好幾手的中古設備，根本沒有錢做研發及專利布局，

直到第三年有點獲利後，才成立研發部門。

　　創業後，黃水可有次看到洛桑管理學院一本書《創業》，他對書中提到的創業觀念深有同感。「沒有計畫的創業成功率，比有計畫的更高。因為沒有計畫，可以隨遇而安，有很強的應變能力。畢竟創業過程一定會遭遇各種挑戰與變化，像是缺人、缺錢、缺技術、客戶關係或市場環境變動等，計畫永遠趕不上變化。

　　例如 2008 年發生金融大海嘯，根本就難以預測，如果創業者太拘泥計畫而執行，成功機率非常低，反倒是一開始只有粗略的計畫，但細節因時因地而制宜，這樣成功機會就會高很多。」他很慶幸中華精測是屬於後者。

　　「創業就是這樣，如果想太多，一定走不下去！」他做了這個註解。

積極分散風險，靠右腳自我成長

　　精測成立至今已有 18 年，歷經「活下來」、「活得好」、「活得久」三個不同階段。黃水可指出，第一個 5 年的目標是公司獨立後可以「活下來」；第二個 5 年則是希望能「活得好」，讓員工的薪酬福利與業界相當；第三個 5 年則是希望能「活得久」，這個階段最重要的就是分散風險，客戶與業績一定有起伏，因此一定要分散客戶、分散市場。

　　事實上，他目睹一些廠商只聚焦在幾家客戶、獲利也很好，但長久下來結局都不太好；「問題就在於客戶群太過集中，畢竟服務 3 家客戶跟服務 300 家的成本複雜度截然不同，所需的管理能力也大相徑庭，但如果客戶群多元分散，就可降低營運風險。」

　　黃水可強調，精測一直在做分散風險的事，不想只有 1 種產品，就發展 3 種產品；不想只有台灣市場，就發展全球市場；不想只專注在單一領域的技術上，因此就做不同領域的技術、一直開發新產品，這樣才能隨時注意並管控風險，不至於走到窮途末路。

　　中華精測從早期的高速 PCB 產品，到後來的載板與探針卡，雖有一些技術上的共通性，但每次研發新產品都是一次全新的旅程。黃水可認為，「中華精測的優勢在於出身自中華電信研究所，很習慣想東西，研發就是我們的 DNA，」開發新事物就是工作日常，包括新藥水、新材料、新零組件，全都自己來，同時也成立設備研發處，量身訂做製造自己的檢測設備與生產設備。

　　比較特別的是，雖然新產品的跨度不小，但精測的多數研發人力也不假外求，只會從外頭找一兩位種子主管。舉例來說，從高速 PCB 跨足載板時，他們從業界找了一位載板廠的經理來應徵，第一時間他沒有答應，第二年、第三年又談了幾

次，他確認公司有足夠的決心後，才正式加入公司。

黃水可讓他帶領一個團隊，從零開始打造自己的載板，雖然 PCB 與載板都是板子，但使用的藥水、設備、產線都不同，團隊同樣秉持 All-in-house 的模式完成這項任務。

擺脫外商控制，自主開發探針卡

但後來開發探針卡的任務可就沒那麼輕鬆了。

原本精測與全球最大的探針卡供應商——義大利特諾本（Technoprobe）合作，精測供貨 PCB 給特諾本，特諾本則自行開發探針頭，再由特諾本整合交貨給台積電等半導體大廠。後來精測也想開發完整的探針卡，希望向特諾本取經學習，但特諾本防備心很強，不讓精測參觀工廠，只答應出售探針頭給精測，要精測不用自行研發。

雙方合作了 1、2 年，特諾本因為擔心精測坐大後可能成為競爭對手，竟提供瑕疵品，讓精測的客戶頗有微詞。為此黃水可下定決心，一定要自主掌握探針頭的技術，才能徹底擺脫特諾本的箝制。

為了自製探針卡，黃水可自 2016 年起帶領研發團隊展開「石中劍」計畫，結合機械力學、材料研究、設備研發等人力，歷經上百次嘗試與失敗，從方法、材料、加工方式、鍍磨、電子製程全都自己來，為的就是師法全球前兩大供應商的作法

——以自家工法打造出完整高規的生產與檢測設備。

不過，因為研發過程太過辛苦，多數工程師覺得前途茫茫紛紛離職，但本身就是研發出身的黃水可沒有放棄，仍持續引進研發人員、力挺這項計畫。「我們沒有很多錢，但就是敢熬下去，」歷經多年努力，「石中劍」終告磨成，現在探針卡穩居中華精測營收的第三隻腳，占整體營收達 3 ～ 4 成。

精測每年平均投入營業額的 18% 做為研發費用，對比於台灣業界平均水準的 2% ～ 3%，其重視研發的程度可見一斑。黃水可指出，「我們長期研究機械、電學、化學、光學四大領域，因此能自行開發出 PCB、載板、探針卡這些半導體測試介面所需的產品，是世界上唯一能同時供應這三項產品的廠商，並維持 50% ～ 55% 的高毛利。」

開始跨出左腳，展開多角化投資布局

除了以慣用的右腳追求自我成長，精測也開始跨出左腳，成立測冠投資公司，拓展轉投資布局。

談起成立測冠的機緣，黃水可指出，精測在半導體測試介面提供 All-in-house 的服務，一家公司就等同於外面的 7、8 家公司，因此很多公司都有意收購精測，但中華電信與精測一致認為還有許多發展空間，因此無意出售公司。

後來他逆向思考，為何不能反過來收購其他公司，因此成

立測冠，在國內外尋找併購標的，並以增加綜效、讓水平布局更完整為目標。

精測轉投資的第一個代表作，是 2022 年由智動化事業處分割成立的揚弈科技，這是第一家由內部孵化而成的新創企業，專注於智慧製造所需的設備及系統產品。其中精測轉投資的測冠投資持股 5 成多，另外 4 成股權由揚弈團隊持股。

黃水可表示，精測內部有產線，是建立智慧製造系統最好的練兵場，而傳統產線搭配大數據後就能成為智慧產線，讓公司得以從製造廠變成設備廠商。現在精測所處的產業每年約幾百億元產值，但智慧製造的市場比這個更大，期待揚弈能夠做得比精測更好。而繼揚弈之後，未來幾年包括設備研發處、雷射事業處也都有機會成立新公司。

左右腳齊力邁出，讓黃水可對精測的未來充滿期待。事實上，精測在 2016 年正式上櫃後，他就立下 3 個目標：興建總部大樓、發展探針卡事業、成立智慧製造新公司，現在全都實現了。

放眼未來，人才仍是維持公司競爭力的關鍵。黃水可強調，斥資逾 30 億元興建總部，讓同仁一天 4 餐都不用花錢，而且享有更好的工作環境，最主要目的就是為了留住並吸引人才。從幾年前開始，他也鼓勵員工內部創業，招聘主管時鎖定具備創業精神的種子人才，期待從中華電信研究所至今專注研

發及創新創業的能量，能夠持續開枝散葉下去。

Q 創業過程最應注意哪些事情？

A 在中華電信學有所成、出去創業的很多，前 3 年可能賺錢，
但能夠笑到最後的幾乎沒有。創業過程最怕遇到內亂的問題，
一開始有賺錢，就有人想要分一杯羹，最後自己人打自己人；
其次是遇到成長太快的問題，資金籌措與組織管理的速度可能
跟不上；第三則是落入被收購的下場。

Q 歷經不同階段及產品線的發展，中華精測如何持續保有競爭力？

A 我們不是大公司，沒有太大包袱，一定要保有足夠的速度及
彈性，什麼東西都可以變，但必須遵循一定程序，才不會亂。
我在單位考核時要求所有主管要有執行力、應變力及成長力。
其中執行力是最基本的，要發揮一定的效率與品質；應變力
則是在面對產業趨勢急轉、案件難度突然拉高時，要有解決問
題、應變挑戰的能力；成長力則是根據市場供需與產品特性，
持續開發新技術與新產品、創造營收成長的動能。

Q 如何培養不同專業的人才？是否採取產學合作模式？

A 我們幾乎都是自己培養比較多，找一兩位種子人才進來，從零開始打造。還好我們從中華電信研究所出身，專長就是思考，公司的 DNA 就是研發，研究新事物不是難事。

我們的產學合作非常多，與元智、中央、台大、清大、陽明交大等都有合作，但幾乎都以失敗收場。主要是我們所在的產業發展太快，但產學合作速度太慢，市場不可能等你。後來我們不做產學合作，直接跟學校買斷研發成果轉成商品比較快，但值得挑選的技術非常有限。

當然，產學合作對於我們挑選人才有些幫助，不過很多人才培養兩三年後，就會跳槽到其他公司去；但我們從不去挖別人，幾乎都是從學校畢業就進來，從基本功開始磨。

Q 如何解決人才快速流動的問題？

A 在我們這個產業，人力流動性勢必存在，假設每年要新增 100 多人，就要招聘 300 多人進來，有些新進員工不到幾天就會離開，另外有些員工經過 2、3 年沒獲得升遷，或者遇到外面其他誘惑也會離開；但有些員工出去歷練後再回來就很穩定，不過，公司也會看他的表現或發展性決定是否回聘。

我們有想過許多留才機制，包括員工股票選擇權和其他激勵措施，精測原本的員工持股幾乎都已經賣光，現在比較鼓勵內部創業拚上市，在資本市場爭取倍數的報酬，例如揚弈科技員工持股就有 4 成，員工當然努力拚自己的未來。而且鼓勵創業後，員工改以年資發放新公司股票，並且全部鎖住，因為要創業就要能熬得住，如此一來公司薪資成本也跟著減少 3 ～ 4 成。

Q 當初為何堅持 5 年就要開發出 MEMS 探針卡？

A 探針卡有很多種型態，包括懸壁式、垂直式等，這幾年才出現了微機電（MEMS）這種設計，我們做了市場研究後，看好 MEMS 會是未來市場主流，可望占到 70%。但 MEMS 探針卡有許多技術門檻需要突破，一小撮裡頭就包含幾萬根針，不僅做出的探針要細到只有頭髮的五分之一，且重複施壓一百萬次都不會變形。尤其在異質整合、高效能運算（HPC）的發展趨勢中，必須面對冷熱循環、高速大電流等工作環境，傳統材料特性勢必無法勝任，一定會走向 MEMS。既然人家不願意賣給我，我就自己來。

以前大家都覺得開發這個產品難度很高，現在看到精測做起來之後，很多國內外廠商都前仆後繼投入，但這需要速度、彈性與專注，並不像外界想的那麼容易，甚至有可能「跨愈大，死

得愈慘」。目前穩定量產的只有美商福達電子（Formfactor）、特諾本及精測，精測希望能挑戰前兩大。

Q 現在已有測冠在評估投資併購事宜，如何培養人才？

A 我們已在國內外評估不同的併購標的，其中投前研究是找外部人才協助，投後管理則是自己做。看一家公司最重要的不是看表面的財報，而是要看到產業的骨子裡頭，因此掌握產業基本面、不要只從財務導向分析相當重要。另外我們也包班讓員工到外面學習財務管理，藉此培養策略投資人才。

Q 整體來說，大股東中華電信提供哪些協助？

A 中華電信持有精測 3 成多股權，是穩定公司經營權的力量，因為我們所處的產業完全不同，他們給我們很大空間，不會干涉內部決策，在董事會討論相關議案時，他們對我們的專業評估通常都相當尊重。當然，我們也不會期待中華電信給予財務或業務上的幫忙，精測跟中華電信的內部人交易只有電信費、通訊費而已。另外我們在 5G 智慧製造有一些合作練兵，除非中華電信自己要跨入半導體產業，否則跟精測的關係應該會維持現況。

創生觀點 ⋯⋯⋯⋯⋯⋯⋯⋯⋯⋯⋯⋯⋯⋯⋯⋯⋯⋯⋯⋯⋯⋯⋯⋯⋯⋯⋯

左右腳並進，開創新一波成長動能

1. 中華精測的核心團隊來自中華電信研究所，專注研發成為最大的優勢，早期因為「吾少也賤」，什麼事情都自己來，鎖定對的產品與產業，堅持熬下去。也因為產品夠前瞻創新，帶來足夠的營收與獲利，可繼續透過自我成長的右腳，不斷開發新產品、新技術，創造有機成長。當精測開始邁開外部併購投資的左腳時，必須從外部引進策略投資人才，或讓熟悉產業的內部人才進修財務或併購管理等專業，開創另一波成長動能。

2. 外界經常將漢微科與精測這兩家半導體檢測的績優公司相提並論，漢微科是「弱水三千只取一瓢飲」，更專注在單一領域，曾經苦守寒窯 18 年，終於出人頭地，獨占魁首，最後帶槍投靠，以高價將公司出售給半導體設備龍頭 ASML。相較而言，精測也是發揮「十年磨一劍」的精神，但卻尋求讓產品組合與客戶基礎更多樣化，同時選擇維持自己當家作主的獨立地位。儘管兩家公司發展策略不同，但掌握產業趨勢、深耕研發的堅持如出一轍。

3. 精測大股東中華電信目前持股 3 成多，是穩定股權的力量，但長遠來看，未來若有變化，員工持股太少可能引發經營權危機。專業經營團隊要持續在公司扮演主導營運的角色，團隊持股要應該提升到 8%～ 10%以上，較能確保現有發展方向及優異績效可以延續下去。

第 5 章

台達電子

從零組件到解決方案
台達電靠雙腳並用推進新事業

「總部針對未來性的研發做先期投入與孵化，讓各事業群專注於做好今天的事。」

——台達電子執行長鄭平

轉型關鍵

背景	升級轉型方向／方式	具體作法
挽救營收下滑的頹勢	發展工業品牌	建立有效率、可信賴的工業品牌形象，提高品牌價值，強化客戶的黏著度
擴展營收動能	從零組件朝向系統與解決方案	重整產品線，並積極補強相關技術空缺、找尋應用領域。成立台達研究院與新事業發展辦公室，由總部針對前瞻產品做先期評估研發，損益兩平後再由事業群接棒
加速新事業發展	透過併購補位布局	在新事業發展到一定階段後，透過策略性併購加速取得相關技術、市場及團隊，包括收購系統電源業者 Eltek，以及 LOYTEC、Delta Controls、Amerlux 及晶睿等樓宇自動化相關業者

　　10 多年前，提到台達電，10 個人有 9 個會想到電源供應器，時至今日，多數人對台達電的印象，是企業永續與綠能減碳的代表性公司；而它的產品線，也不再是附屬於電腦產品的

小配件，而是電動車充電樁、數據中心、工廠自動化、智慧樓宇等系統應用，在「台灣最佳國際品牌價值調查」中，其品牌價值從 2011 年的 1.3 億美元，一路成長為 2022 年的 4.26 億美元，創下連續 12 年入榜的佳績。

帶領台達電展開一連串轉型計畫的舵手，就是台達電創辦人鄭崇華的長子——執行長鄭平。

啟動品牌轉型大計

對台達電來說，2009 年是啟動轉型的關鍵一年。那年遇到集團營收成長停滯，內部對未來有些迷惘，宏碁創辦人施振榮推薦曾在宏碁與明基擔任品牌推手的王文燦，到台達電協助推動品牌計畫，總部各功能單位、各事業群、區域銷售主管全都齊聚一堂，在半年內安排多次工作坊，藉以釐清台達電的競爭優勢，並重整過於分散的產品線。

經過密集討論，大家逐步凝聚了未來發展的共識。有鑑於不少產品線都已達到市佔率天花板，客戶再成長的空間也有限，未來希望從原本的零組件供應商，進一步成為系統整合、解決方案的供應商，同時積極朝向自有品牌發展。

鄭平兼任台達電首任品牌長後，將 2010 年設為品牌元年，擔負起集團的轉型大計，他坦言雖遵循大家訂出的方向、勇往直前，但整個過程根本是「摸著石頭過河」。事實上，大家對

品牌的認知都不一樣，過去在戴爾（Dell）、惠普（HP）的產品中，原本就有台達電的 LOGO，上頭標示著 Designed by Delta 或 Made by Delta，這個到底算不算品牌？

經過一段時間的摸索，鄭平與團隊將台達電的品牌定義為工業品牌，希望傳達效率、信賴的品牌精神，第一步先在企業端經營企業品牌（Corporate brand），2017 年進行組織重整後，又依序導入到業務範疇及事業群，現在包括電源、風扇、數據中心、電動車，都有各自的品牌識別與訴求，在對外溝通時更能精準對應相關市場；2022 年起再加入商業品牌，並提出「Intelligent 智慧物聯、Sustainable 節能永續、Connecting 價值共創」等全新品牌價值主張。

補強戰力，朝向解決方案發展

另一方面，台達電要擺脫過去的零組件供應商定位，但從零組件變成系統，就有很多的技術與產品空缺需要填補，要發展解決方案更要補足領域知識。

鄭平認為，台達電一直採取技術研發導向，持續創新是公司的 DNA，不斷從核心競爭力去延伸擴展，短期或中期來說技術競爭力絕對不成問題；不過，他也觀察到，公司經歷過好幾任技術長，分別來自零組件、網通、材料等背景，只要技術長換人當，新技術與產品開發往往會有很大改變。

　　例如，公司有一陣子相繼投入電子紙、太陽能發電等領域，就是因為技術長是材料出身的，然而，每任技術長只做 3 ～ 5 年，新技術布局跳來跳去，新事業的延續性就會出現問題。

　　鄭平對此頗感困惑，但他一直不知道該如何解決這個問題，直到 2010 年他遇到 IBM 全球副總裁、中國研究院院長李實恭，請教應該如何布局新技術、開發新產品，李實恭回答他：「重點不在技術發展，而是技術管理！」這句話一語點醒夢中人，學管理的鄭平深感認同，認為新技術布局應該做更長期的規劃，並側重在市場趨勢、技術平台與策略發展。

　　李實恭也建議，台達電的產品都是零組件，缺軟體把這些東西串起來，物聯網就是一個可行的途徑，另外也必須找到特定領域來發展系統與解決方案，讓這些軟硬體在不同的資通訊領域落地應用。

引進新事業發展制度

　　3 年後，鄭平力邀李實恭接任台達電技術長，規劃全新的研發架構與戰略，引進 IBM 的作法，成立台達研究院（Delta Research Center,DRC）與新事業發展（New Business Development,NBD）辦公室，讓各事業群專注於做好「今天」的事，總部則針對未來性的研發做先期投入，其中 DRC 主要負責前端與後端的軟體平台，NBD 則是統籌過去散落在各事

業群的新事業，擔任孵化育成的角色。

鄭平深知，要布局將來的東西，不能從既有事業的 KPI 去看，因此總部導入 IBM 的新市場及前瞻產品策略規畫（Emerging Business Opportunity, EBO）制度，先行評估市場有多大、牽涉的技術領域有哪些是台達電熟悉的，確認可行後，接著就由 NBD 投資進行孵化，一直到轉虧為盈後，再交棒給事業群。

不過，轉型推動之初，各事業群都有不少的反彈，隸屬總部的 DRC、NBD、IT 部門，不僅在研發上有如兩條平行線，在資源與利益上更會跟各事業群產生衝突，有些人甚至質疑 DRC 吸納了許多研發資源，但花錢都是打水漂，跟現在的事業領域毫無關係；於是鄭平明訂制度，規定每年在 NBD 投資比重不超過營收的 1%，在 DRC 投資則不超過 0.5%，這才化解了管理團隊之間的爭端。

2015 ～ 2016 年，台達電陸續找到電動車、工業自動化、樓宇自動化等領域，同時也開展出電信、資訊科技、能源等新市場，完全扭轉過去大家認為台達電只做電源供應器、服務電腦客戶的印象。

事業範疇三足鼎立

台達電過去有 10 幾個事業群，一半以上都是電源產品，

不僅外部不太瞭解，有時連內部都不太清楚彼此的關係，2012年先整合為「零組件」、「能源管理」、「智能綠生活」三大類，2017 年進一步重新劃分為「電源及零組件」、「自動化」及「基礎設施」三大事業範疇，其中電源、風扇及許多零組件都是世界第一，自動化則是搶攻樓宇自動化、工業自動化等市場，基礎設施則涵蓋資通訊、能源與數據中心等領域。

「2017 年組織重整後有八個事業群，其中有三個半都是過去 7 年來 NBD 孵化出來的，」鄭平驕傲地說，例如電動車是由 3 個 NBD 所組成，能源是由 4 個 NBD 所組成，數據中心則是一個 NBD，而這些全部都是提供解決方案，且都明確找好應用領域了。

從 NBD 到事業群的養成模式看似合理，但其實也經歷過不少試錯與磨合，例如有的新事業在事業群接手後，竟然慘遭「被消失」的命運。舉例來說，原本 NBD 針對 LED 的晶片、封裝到散熱都有投入，每年創造 2,000 多萬元營收，即將獲利之際，就歸入照明與電源事業群，但沒多久事業群就把基礎的晶片、封裝、螢光粉等團隊都砍掉，只保留 LED 照明。

「事業群還是習慣於從產品概念出發，把自己擅長的留下來，把不熟的放掉，覺得跟自己毫無相關、也較難掌握。」鄭平感嘆，併入事業群後整個不見，這樣 NBD 就白做工了；有了前車之鑒，後來 NBD 就會延後交給事業群的時間，等到可

以獨當一面再交棒,而且嚴格要求事業群不能拆分消滅,否則原本要轉型做系統或解決方案,結果反而又變成零組件。

針對新事業啟動策略併購

台達電不僅採取內部孵化的模式,鄭平接任執行長之後,在策略性併購方面也毫不手軟,包括 2014 年收購挪威系統電源業者 Eltek,後續也買下 LOYTEC、Delta Controls、Amerlux 及晶睿等樓宇自動化相關的業者。

鄭平強調,這些併購多數都是在 NBD 之後,為了補強相關技術與擴展市場所需而做,畢竟 NBD 做完充其量就是取得一張門票,只是瞭解競爭態勢、敵我優缺點而已,就算花了 5 年做到損益兩平,營收還是非常有限,更別說要在市場上短兵相接;透過併購可以加速這個過程,不僅帶進客戶與營收,且可取得銷售團隊與通路夥伴,再透過我們的營運能力加持,整併之後發揮更大綜效。

當然,台達電也有少數個案是針對既有事業做併購,其中收購挪威 Eltek 就是如此。當時台達電與 Eltek 分居市場第二與第三,整併後就躍居第一大,不僅掌握更大的採購籌碼,同時也整併 Eltek 很多工廠,藉此降低成本。

過去 10 年在 One Delta 的架構下,台達電左右腳同時並用,在自有品牌與系統產品已有不錯的成績單,但鄭平坦言還沒正

式跨進解決方案的門，例如顧問、服務等方面的布局仍付之闕如。在不同事業方面，當前在電力電池、電源的市場成長很快，在電動車許多部分的市占率已達 10%，但在自動化、基礎設施這兩大事業群的市佔率都不到 1%，還有很多東西需要學習、投入與創新。

　　但他對台達電的未來成長樂觀以對，隨著總部與事業群的分工運作日益順暢與成熟，各事業群每年維持 5 ～ 10% 的營收成長不成問題，必要時也會輔以併購手段，加速擴大新事業的發展。

Q　從這麼多併購案中，獲取哪些經驗？

Ⓐ 針對新事業的併購，因為我們對新市場瞭解不夠，所以靠著策略併購來擴張，併購成效往往不是 2 ～ 3 年就會展現出來，甚至連五年來做檢討都太早，但有時董事會會覺得我們在併購時考量的目標實踐率不夠高，會讓我比較挫折。
我們在既有事業的併購就做得不錯，因為掌握度較高，併購成效也與併購前的稽核評估最為相近。不過，在併購前要說服事業群必須花一番功夫，因為他們都相信自己營運管理能力比對手強，併購標的不夠大沒有興趣，價格太高也覺得不划算，因為覺得自己花個幾年也能做到。

以併購 Eltek 為例,起初事業群也抱持反對態度,我說服他們:如果我們自己要做到第一,必須花個 5 年、10 年,還要做很多計畫,才有機會達成;但採取併購明年就是第一,之後要想的格局就很不一樣,可以朝向上游或下游擴大戰線,萬一 Eltek 被龍頭收購,我們就愈來愈難跟它競爭了。

我們在併購方面還有很多方面要學,但整體來說,我們不曾搞砸過任何併購案,沒有虧很多錢、或者鬧到不歡而散,顯示我們還是有很強的營運能力。未來有新的併購標的,只要買進來不會讓公司變得更差,我們都會盡量爭取,希望發揮我們在營運方面的優勢。

Q NBD 制度的運作是否需要調整?

A 之前 NBD 一年約有 7 ～ 8 個,現在有 20 個,隨著營收成長,每年投入在 NBD 的金額也隨之增加,不是數量增多就是規模變大,也希望有更多的產出。自己做的速度已經跟不上,這兩年也開始跟基金會及學校一起選擇 NBD 主題,也希望招募外部的新創團隊加入,來加速我們的 NBD 投資。

現在比較大的問題,是我們在投入 5,000 萬美元與 5 億美元規模的標的時,投入同等的資源,甚至規模愈小的公司因為愈沒有規範、狀況愈多,反而投入更多資源,未來要建立更完善的作業程序,來改善這種現象。

Q 如何建立 NBD 的團隊？

A 總部在硬體部分沒兵沒將，一定要從事業群中找尋，通常是由事業群貢獻部分核心成員，再從外部招募一些應用領域的人才，搭配 DRC 的軟體及物聯網相關人才所組成。

對事業群來說，過去有些人想開發新的技術，但往往沒有這樣的機會，現在總部可以幫忙做前期投資 5 ～ 10 年，還會在材料採購、客戶開發、概念驗證等方面給予人力支持，發展到損益兩平再由事業群來作贊助者（Sponsor），總部在不同階段會檢視事業群在市場開發與產品技術的一些 KPI，也會相對應投入一些資源與資金給事業群。

整體而言，總部的責任是從零到一，事業群則負責擴大，畢竟事業群不可能又要做新事業、又要讓既有事業成長，這兩塊的文化很不一樣。從 2021 年開始，事業群的正副主管，已經比照我跟營運長張訓海的分工模式，主管 80% 看未來、20% 看日常營運，副主管則反過來，80% 看日常營運、20% 看未來。現在事業群主管都會建立幕僚群，關注併購、策略等議題，把更多心力放在更遠的未來。

Q 未來 5 ～ 10 年，預期公司會面臨哪些挑戰？

A 人才是最大問題。我們拓展很多新的領域，也加入很多新的人才，但還是不夠用。2012 年大概換了一半的主管，有一半都是從外面招聘進來，他們在專業領域都有很好的表現，但還是要適應融入台達電子的文化，至少需要兩年時間；這段過程我要一直照顧及支持他們，當他們的導師，必須投注很多心思，因為只要有人陣亡，信譽就會打折扣，後續要再找外面的人就更難。

創生觀點 ⋯⋯⋯⋯⋯⋯⋯⋯⋯⋯⋯⋯⋯⋯⋯⋯⋯⋯⋯⋯⋯⋯⋯⋯

加大併購的深度與廣度，
台達電需要不同的視野與作法

1. 鄭平在接任執行長後，做了很多鋪陳與布局，不僅精準掌握新產業的變化趨勢，將眼界拉開，同時勇於跨出併購的左腳，讓台達電得以站在風口上，創造有利的情勢。其中很重要的是在轉型的關鍵時刻有撐過來，突破強固的既有習慣與想法，並藉由 NBD 找到未來的發展方向，讓以往各行其是的事業群，得以創造縱向與橫向的整合效益。

2. 台灣企業常覺得併購的風險很高，但其實最大的風險是沒有併購。沒有併購不會有併購失敗的煩惱，也不用擔心資產減損的議題；但沒有採取任何併購行動，連學習的機會都沒有，如果能從經驗中學到東西，就算併購本身錯了都還是對的決策，尤其是像台達電這樣規模的公司。

3. 台達電未來一定是跨國性企業，如果要將系統與解決方案推向全球市場，不可能僅靠 NBD 慢慢孵化及有機成長的作法，必須靠外部力量來加速升級，未來在併購方面的速度、深度與廣度都要加大；如果要從在自家田地農耕，改成騎馬去攻城掠地，包括事業群主管的思維、併購教練的帶領、投後管理的能力等，都要有更加精進的視野與作法。但掌握產業趨勢、深耕研發的堅持如出一轍。

第 2 部

新客戶新市場
新通路

第 6 章

舊振南

舊振南站上文化「製糕」點
擦亮百年老店招牌

「企業一定要遵守公司治理原則，照規矩才能永續經營！」

——舊振南董事長李雄慶

轉型關鍵

背景	升級轉型方向／方式	具體作法
品牌力下滑	重塑品牌	更換團隊另起爐灶，重新聚焦產品線，以精緻包裝擴展百貨、高鐵與機場免稅店等通路，重塑品牌形象。另成立漢餅文化館，透過五感體驗行銷台灣糕餅文化。
市場萎縮	開發新產品與新通路	漢餅市場逐漸萎縮，一方面與通路商、品牌商合作開發新產品，例如綠豆椪冰淇淋、冰粽、乳酪蛋糕，同時跨足 ODM 業務；一方面成立電商，擴展大賣場、便利商店等通路，並開始布局海外市場。

　　座落於高雄大寮捷運站附近，有一棟結合傳統文化意象與現代綠建築設計的三層樓建築，走在光影錯落的院落與古典雅致的室內空間中，處處可見漢餅文化圖騰，空氣中不時還會飄來烘焙糕餅的香味。這裡是舊振南漢餅文化館，也是舊振南的企業總部。

舊振南的 LOGO 上，寫著 Since 1890 年的字樣，清楚標記著這家百年餅店的歷史，從清光緒 16 年迄今，歷經五代的傳承，仍堅守著傳遞漢餅手藝與文化的崗位；推陳出新的包裝設計，融合文化底蘊的口感，讓舊振南的喜餅早就成為地方望族的迎娶首選，鎮店招牌——綠豆椪與鳳梨酥更是中外馳名的人氣伴手禮。

要打造一家百年老店很不容易，要持續為百年企業注入新活水更不簡單，舊振南董事長李雄慶、總經理李立元父子倆，一位帶領舊振南重整旗鼓、展開品牌復興計畫，一位投入數位轉型、擴張國際市場，雙雙扮演舊振南進行價值轉型的關鍵推手。

基於家族情感，毅然接手舊振南

舊振南成立於晚清時期的 1890 年代，早期在台南府城街內經營漢餅舖，日治時期登記為菓子製造業，隨後第二代接班人搬遷至高雄創立「振南餅舖」，以前店後廠的方式經營，逐漸以精緻製作的喜餅打響名號，1950 ～ 1970 年代「舊振南」已成為當時南部仕紳的喜餅代名詞；1970 年代台灣經濟起飛、消費力大幅提昇，舊振南的綠豆椪成為明星商品，每逢中秋節都門庭若市；1980 年代開始擴張店面，光是高雄中正路就開了三家旗艦店。

不過，到了 1990 年代，舊振南因多角化經營、定位模糊，加以市場被西式糕餅瓜分，導致顧客不斷流失，百年老店陷入經營危機。1995 年原本任職於建設公司的李雄慶決定接手家族製餅事業，兩年後更退出建築業，專心扛起重振舊振南品牌的使命。

「舊振南第二代、我的阿公輩很拼，把舊振南打造成喜餅首選，可惜到第三代走偏了，太多人在管理，甚至有人把收銀機當成提款機。」李雄慶回憶說，他在接手時曾考慮過要放棄這個品牌，但自己從小到大就跟著這家餅店長大，有很深的情感連結，因此決心承接經營下去。

李雄慶接手的其實只有「舊振南」這三個字，他與原有團隊切割乾淨，一切從頭開始。首先他重新定位品牌，放棄西式麵包產品線，聚焦於手作中式精緻糕餅，讓原物料、工序單純化；接著盤點資源，從原先具有幾 10 年革命情感的老師傅中，挑選幾位加入團隊，重新研發產品，後來成功打造出黃金鳳梨酥，成為全年熱賣的拳頭商品，以「小金磚」的超高識別度，讓國人及國外觀光客都愛不釋手。

進駐百貨、高鐵通路，提升品牌知名度

1996 年是舊振南重振品牌的轉捩點。當時高雄 SOGO 百貨正在招商，總經理透過大股東之一太平洋建設、找到過去在

建設業熟識的李雄慶，力邀舊振南這個高雄在地的百年老品牌
進駐，當時舊振南只有中正路一家店，恰好有意擴展新通路，
且 SOGO 百貨答應可協助篩選產品、提供包裝建議等支持，
李雄慶一口答應，成為全台首間進駐百貨公司的糕餅品牌。

舊振南揮軍百貨通路的第一仗表現亮眼，營業額與獲利幾
乎翻了一番，SOGO 台北忠孝店也順勢邀請設櫃，而且就在搭
手扶梯到 B1 最顯眼的位置，同樣也創造銷售佳績；到了 2002
年，新光三越也向舊振南招手，陸續進駐台南店、台中店、台
北南西店、台北信義 A4 等據點，百貨據點就此成為舊振南最
重要的行銷通路。

「原來百貨通路有這麼大的魅力！」李雄慶興奮地說，儘
管百貨通路主要銷售的是單價 500 ～ 800 元的伴手禮，但因為
品牌曝光、消費者接觸等效益，因此可帶動平均約 3 萬～ 5 萬
元的喜餅生意，效果超乎預期。

2007 年舊振南靠著文化傳承的品牌故事，又成功打進高
鐵通路及機場免稅商店，不僅創造了可觀業績，更重要的是提
升品牌知名度。李雄慶坦言，很多人不常去百貨公司，但經常
需要搭高鐵，舊振南在高鐵站設立的獨立店，都是設在入站後
第一節到第六節車廂的候車區，讓很多高消費客戶因此認識舊
振南，每年都累積數萬名客戶。

靠誠信建立長期合作關係，業績一路成長

「企業一定要遵守公司治理的原則，照規矩來才能永續經營，上一代經營者就是因為沒有照規矩，才會陷入快要破產的境地。」李雄慶有感而發地說，與客戶合作最重要的就是「誠信」，我們每一筆交易都一定要開立發票。舊振南跟高鐵、昇恆昌合作，都得經過嚴謹的稽核與抽查程序，考量食安、服務品質等指標，能夠長期合作至今超過 15 年，靠著就是誠信。

此外，舊振南也在晶華國際酒店集團董事長潘思亮的邀請下，進駐台北晶華酒店設立門市。李雄慶表示，潘思亮是高雄人，因此希望將舊振南這個來自高雄的糕餅品牌與國際精品品牌並列，我們很榮幸能夠和國際接軌，更是向世界品牌借光！

隨著產品到位、通路佈建有成，李雄慶重新擦亮了舊振南這個招牌，在疫情之前的 2007 ～ 2019 年，公司業績持續成長，年營收已經突破 4 億元。第五代的李立元、李博元兄弟相繼返台協助家業後，舊振南更展開大規模的數位轉型，同步興建現代化的食品工廠及漢餅文化館，準備迎接下一個階段的成長。

打造中央廚房，加速數位轉型

早期舊振南是以「前店後廠」的型態經營，但為了服務更多通路，產量需求不斷增加，2014 年先在高雄臨廣科技園區打造了現代化食品工廠，包括中央廚房、倉儲空間在內總共近

2,000 坪；2019 年進一步購置 7,500 坪廠房，著手興建更高階的食品工廠，並於 2021 年落成啟用，裡頭還設置了一座廠中廠，是全台灣第一個無麩質認證食品廠。

在數位轉型方面，舊振南早在 2012 年就導入顧客關係管理系統（CRM），在百貨通路銷售產品或舉辦體驗活動時，都會建立完整的會員資料庫，並進行貼標，遇到重要節慶檔期時就能展開精準行銷；公司近幾年也導入企業資源規劃（ERP）系統，藉以整合銷售流程、提高作業效率與資料完整度、即時產出財務數據，讓各種數據更為透明。「過去 ODM 訂單的報價都是憑經驗，現在則可參考數據進行報價，」李立元強調。

另一方面，舊振南也不斷優化自家的電子商務網站，2013 年網站就增加購物車功能，初期每年只有幾百萬元的營業額，但在疫情期間，民眾避免到實體店家，電商平台就發揮了很大作用，現在年營業額已有 5、6 千萬元，約占整體營收的 10 ～ 15%。

李立元表示，現階段電商通路主要是針對企業客戶，以春節、中秋等節慶檔期為主，但也開始切入一般消費者的日常性購買，開發日常甜點而非節慶或伴手禮，藉此提高顧客與品牌的接觸機會與購買頻率；另外也針對民眾初一、十五的拜拜需求，推出素三牲訂閱制，創造重複固定消費的習慣。

由於人口結構改變、不婚族增加，台灣每年新人已從 17

多萬對掉到 13 萬對，加上年輕族群偏愛西式喜餅，都讓漢餅的市場逐漸萎縮。為了喚起民眾對漢餅的記憶及文化，舊振南於 2016 年在高雄大寮打造了「舊振南漢餅文化館」，在佔地1,200 多坪的空間裡，融合了企業總部、品牌故事館、漢餅房、烘焙廚藝體驗空間、食光書塔，讓民眾能夠透過五感手作體驗，享受漢餅的美味及獨特的文化價值。

李雄慶強調，漢餅與華人傳統禮俗與歲時節慶密不可分，但年輕族群受到西方文化影響，讓漢餅在華人社會中的角色逐漸淡化，因此我們透過漢餅文化館，讓年輕人及外國人有機會認識台灣的糕餅文化，也要提醒大家：「雖然結婚不一定會請客，但一定要送喜餅，這是一種喜悅的分享。」

攜手國際品牌與通路

現代化食品工廠的啟用，給了舊振南與知名品牌合作、擴張海外通路的充足底氣。例如舊振南與迪士尼合作，推出迪士尼系列的喜餅及冰粽禮盒，另外也與台灣好市多合作銷售。李立元強調，台灣好市多充分瞭解舊振南在產品製作、品質管理等方面的優勢後，今年又推薦到全球採購體系，未來可望與國外的好市多合作，開發出符合市場口味及相關法規的產品，就像奇美食品、聯華食品一樣，透過好市多打進歐美華人市場。

在台灣市場，舊振南近幾年也陸續與杜老爺、蜷尾家、福

樂等品牌聯名合作，將經典的綠豆椪原料製成冰品、雪餅等新產品，深受年輕人歡迎；另外也與全家便利商店合作，推出綠豆冰沙及多款甜點。

另一方面，舊振南也以長期研發食品科學及系統化生產管理的優勢，開始承接 ODM 訂單，例如其為連鎖速食業者供應的巴斯克乳酪蛋糕，就是在全新的無麩質食品廠生產。李立元強調，ODM 訂單一方面增加產量來降低工廠營運成本，一方面也透過外部客戶的需求，提升內部研發能力，在堅持漢餅元素的核心之下，達到產品多樣化的目標。

李立元坦言，台灣糕餅業向來不喜歡跟國際品牌與通路業者合作，因為這類客戶有很多眉角要處理，不同市場對於食品添加物也有不同規範，但「別人不做的就是我們的機會」；其實只要掌握其採購相關程序，合作起來並不麻煩，不僅可發揮一加一大於二的效果，並可就近學習國際品牌的格局與經營手法。

放眼海外華人市場

在新冠疫情爆發期間，各行各業都產生衝擊，最嚴重時高鐵門可羅雀，機場免稅店更是業績直接歸零。舊振南也受到不小衝擊，但公司沒有因此停下腳步，仍積極推動品牌審計（Brand audit）的工作，透過與內部員工、外部供應商、顧客

的深度訪談，重新建構舊振南的品牌樣貌，以「成為華人世界首選禮品品牌、啟發顧客對禮數的重視」為定位再出發。

李雄慶強調，疫情後市場可能會有不一樣的挑戰，因此我們著手建置更高規的產能，讓自己升級上來，也凸顯自家的競爭優勢。數位轉型對舊振南的升級相當重要，我們也積極更新內部的數位知識平台，透過數據分析讓我們瞭解很多事情，可藉此改善工作流程，擬定新的策略，面對食安、資安及服務這三大風險，也都能做好風險管控。

李立元強調，最困難的 3 年我們已經撐下來，在接班過程中更瞭解財務、現金流、融資等問題，接下來隨著業績穩定，我們會慢慢擴張，探索外銷市場的機會，「在台灣市場有很多競爭對手，但走到海外就不是了！」

事實上，不管是大陸的 13 多億人口，還有廣義的華人文化 10 億人口，都是舊振南海外的潛在市場。李立元堅定地說，舊振南將與更多通路夥伴與平台業者攜手，一步一步往海外布局，除了香港代理商外，將積極朝向東京、南韓、上海等市場布局，期待能夠打進更多華人及華文化市場。

Q 您如何看待台灣糕餅業的競爭？

A 不管是佳德糕餅、維格餅家，大家都經營了數十年，客人自己會去比較、各有偏好，我認為各自有各自的市場，我們彼此也相敬如賓。其實外國人對台灣伴手禮的印象就是烏魚子、烏龍茶、鳳梨酥，我們光是賣鳳梨酥一個拳頭產品就很夠了。

Q 從建築業投入糕餅業，您如何強化自己的專業？

A 我本身是念工程管理，為了經營舊振南品牌，2003 ～ 2005年到中山大學進修取得 EMBA 學位。我對美學設計很看重，因為師承台灣戰後第一代建築大師高而潘，他是接受日本教育，對設計相關細節要求很嚴格，所以我自己也全心投入包裝設計，包括字體大小、位置都很講究，因此舊振南的包裝設計都有持續演進優化。

Q 舊振南很早就開始投入企業社會責任，每年都發表年度企業社會責任報告書，為何如此看重此一議題？

A 我認為該做的事就要去做，我們對於企業社會責任（CSR）投入很多，例如產品取得碳足跡認證、總部大樓獲得綠建築黃金級認證，每年也提撥固定盈餘投入公益慈善活動，幫助社會

弱勢。很開心我也因此獲頒中山大學名譽博士學位。

我們現在強調三個永續：商業永續、人才永續、漢餅文化永續，公司要能賺錢才能永續經營下去，另外要給予人才更好的工作環境與條件，最後要有深厚的文化內容、才有價值觀，用文化的力量才能延續舊振南的生命力。

Q 舊振南對於投資併購有何想法？

A 目前我們的首要之務是將家族辦公室的架構弄好，下一步不排除有機會進行策略合作或併購。舉例來說，日本京都有很多的百年企業、甚至千年企業，在疫情期間苦撐，甚至找不到下一代接班人，舊振南如果要在海外大展拳腳，可以考慮與日本糕餅業或其他百年企業結盟或併購的可能性。

Q 未來 10 年對舊振南有何願景？

A 我一直在思考如何建構一個團隊，讓我們這一代可以經營 30 年直到退休。公司最重要的不是資本支出，而是人才永續，我們追求跳躍式成長的背後也是為了人才永續，因此會特別考慮到薪資條件與分紅機制，現在也在摸索如何形塑適合的企業文化，讓團隊可以為公司的永續經營一起打拼。

創生觀點 ···

從單打獨鬥到借力使力
舊振南未來應靠策略合作打天下

1. 舊振南的前 100 年，以「前店後廠」的型態經營，專注於把產品做好，直到第四代李雄慶接任董事長後，才開始有較大的躍進，因為對美學與品味有較高的敏感度，讓包裝設計與時俱進，並進入百貨、高鐵、免稅商店等新通路，品牌因此跳到一個截然不同的制高點。

2. 在這段時間的升級過程中，舊振南在產品優化、市場優化、技術優化、產能優化、品牌優化等方面都做得有聲有色。第五代接班後，也建立了年輕化的組織班底，大通路、品牌合作、產品合作構成營運的三隻腳，如果要穩紮穩打、尋求有機成長，在策略方向與執行上都不至於有太大問題。

3. 糕餅業是非常在地化、碎片化的市場，舊振南年營收最高達 4 億多元，但隨著台灣人口結構走向少子、不婚、老化，漢餅市場恐將持續萎縮。如果要尋求倍速的營收成長，勢必要突破自我成長的模式，不管在銀行貸款、資本市場、策略合作、外部併購等方面要更開放。借力使力勝過單打獨鬥，同一時間可以做更多事情，團隊也能更快速升級。

4. 在進軍國際市場時，可以再增強說故事的能力，同時增加跨業合作的機會。舉例來說，舊振南可以與類似 TWG 這類國際品牌，建立深入且長久的策略聯盟，一方面可以相互拉抬品牌知名度，另一方面也能快速擴張海外通路。布局海外須先做好資源與資金配置，看要選定日本、星馬、香港哪些主力市場，再來挑選適當的策略夥伴，如果不屬於蛋黃區的市場，則可透過外部通路合作切入。

第 **7** 章

瓜瓜園
把農業當科技在做
瓜瓜園用小蕃薯拼出大生意

「打敗你的永遠不是同業，確保站在市場趨勢前端才重要。」

—— 瓜瓜園總經理邱裕翔

轉型關鍵

背景	升級轉型方向／方式	具體作法
產品侷限	從銷售到加工	嘗試薯條、冷凍加工、強化番薯商品力、擴大產品銷路，提高利潤
產量不足	建立完整供應鏈	因應全家便利商店需求量暴增，著手建立完整供應鏈，在育苗、契作、採後處理、加工、通路等五個環節，分別和不同的同業合作
內需成長有限	開發新市場	透過區域代理商或連鎖速食業者，擴展日本、東南亞及歐美等市場，為了因應外銷的龐大需求，在台南興建亞洲最大冷凍地瓜薯條加工廠

　　走進全國的全家便利商店，第一眼就會看到「夯蕃薯」，在超商競爭激烈、各家超商提供服務日益同質化的情況下，一年熱銷超過 2,000 萬條的「夯蕃薯」已經成為全家的特色之一，只要進門看到蕃薯台，顧客立刻就會知道自己走進的是全家。

　　「夯蕃薯」是國內蕃薯產業龍頭「瓜瓜園」與全家合作的

產品。「瓜瓜園」從 1983 年小小一家只賣生鮮蕃薯的「奕泰農產行」起家，到如今全台冷凍地瓜薯條市佔率 8 成、全國蕃薯契作面積佔 1 成。

農業在台灣經濟發展曾扮演重要角色，但在工業發展後，台灣的農業發展卻逐漸停滯。雖然台灣的栽作、育種各方面的技術仍舊傲人，但農業的經濟收入卻沒有得到相對應的提升。

瓜瓜園堪稱是台灣農業的異數，不僅把台灣的蕃薯賣進日本的超商，還開拓了歐美、東南亞等多國市場，毛利率高達 2 成，而且還在持續提升。為了進一步強化競爭力，瓜瓜園更耗資 8 億，在台南關廟蓋了亞洲最大冷凍地瓜薯條 K3 廠，於 2019 年底正式啟用，預估地瓜薯條年產量達 3,600 噸。

從當初的農產行到如今的產業龍頭，瓜瓜園經歷了多次的轉型與升級。一開始從原本的單純銷售往上下游拓展，達成產、製、儲、銷一元化，接著轉型為包含分級包裝、產品研發等的多收益代工服務平台，再升級服務國際餐飲供應鏈，到如今成為產品提案和供應鏈整合全方位服務提供者。

瓜瓜園把上下游的業者和競爭對手都當成合作夥伴，瓜瓜園的店面裡也賣競爭對手的產品。小小的一條地瓜，瓜瓜園如何做到今天的規模，甚至成為台灣農產品打國際盃的尖兵？

從「蕃薯加工」成為「商品供應者」

「窮則變、變則通、通則久、久則順、順則昌」，瓜瓜園董事長邱木城一直把這句話當成座右銘。邱木城在高中畢業就上台北工作，賣過花、甘蔗、西瓜、做過禮物代工，才 26 歲就做過 13、14 個工作，卻沒有一個成功，只好回到台南投靠父母，上午幫母親賣水果、下午開冰果室。

後來因為父親的朋友找邱木城利用空檔時間幫忙送蕃薯，邱木城才接觸到蕃薯這行業。眼看蕃薯的生意還不錯，邱木城跟同學借了結婚禮金、接手老闆的貨車到台北做起蕃薯生意。剛開始落腳松山永吉路，每天騎著機車在全台北市送貨，但生意並不好，後來在中央果菜市場旁找了個店面，客人會自動上門，生意才開始有起色。

一開始做蕃薯加工，是因為賣不出去的瑕疵品會發爛、發臭，邱木城的阿嬤看到速食店的薯條很受歡迎，興起了仿效的念頭，把瑕疵品削成薯條販售，賣的價格跟沒削的蕃薯一樣，結果很受客人歡迎。

瑕疵品有了出路、下腳料也可以賣錢，使得損耗的成本大幅降低，競爭力也就因此提升。同樣供貨給商家，邱木城的蕃薯硬是比同行又大又漂亮，也就慢慢打開了市場，成為頂呱呱、香雞城的主要供貨商，後來基於相同的思維，他又開發了薯塊產品。

　　因為速食店平日和假日的需求量差異很大，香雞城便要求邱木城做冷凍的加工品，在量少的平日比較容易保存、不會變壞。原本只是附屬的加工品，卻逐漸變成主力，而為了穩定供貨，邱木城也開始契作，從原本的收蕃薯來賣，變成對品種、栽培技術都有更高的要求。

與超商合作開啟新通路

　　瓜瓜園跟超商的合作，其實並不是始於全家的「夯蕃薯」。早在 2006 年，瓜瓜園就和統一超商合作推出「冰烤蕃薯」，但因為蕃薯採收的季節性因素斷貨，之後就不了了之。

　　全家一開始推出烤蕃薯，是找北、中、南的大盤商合作，結果同樣因為蕃薯斷貨，於是找上瓜瓜園負責供應南部的貨源，因為瓜瓜園供應的品質較好，隔年索性把當時全台 400 家店的貨源都交給瓜瓜園。其中一個關鍵是瓜瓜園有做加工產品，產品分級比其他同業來得專業，別人是產地收到什麼貨、就通通塞給通路，而瓜瓜園則是客戶導向，可以根據客戶的需求提供相對應的產品。

　　跟全家合作表面上風光，其實瓜瓜園剛開始跟得很辛苦。邱木城比喻說，「他們是航空母艦，我們是舢舨」，全家今年要 400 斤，明年就問能否供應 800 斤，全家的採購量倍數成長，瓜瓜園的契作就也要倍數成長。然而，全家僅佔瓜瓜園總量的

20%，其他品質不符合全家需求的，要如何消化？市場又要如何同步成長？才是瓜瓜園頭痛的問題。

為了跟上全家的需求，瓜瓜園只好硬吞、硬擴張，努力尋找以往沒嘗試過的出路，把剩餘的 80% 賣出去。但連續 4、5 年的倍數成長，還是有很多下腳品賣不出去，等於將賺到的錢都「拗」進去了。

不過，因著與全家合作的機緣，瓜瓜園被逼著成長，讓邱木城董事長心懷感激至今，「台灣的蕃薯產業，因為全家才有前途」，全家炒起蕃薯熱潮後，其他業者也紛紛跟進，帶動了整個產業鏈。

邱木城強調，有競爭者存在，產業才會進步，「拳王如果沒比賽，沒多久就會變成一陀肉」。因為相信高度競爭會帶來激盪、進步，所以瓜瓜園把自己當成一個平台，在育苗、契作、採後處理、加工、通路等五個環節，分別和不同的同業合作，把自己當成骨幹。如果同業需要健康種苗，瓜瓜園可以幫忙做，瓜瓜園缺種苗也可以向同業買，缺地瓜時也會向同業收。

打通日本市場關節

瓜瓜園從 2001 年開始外銷地瓜到日本，起源是一場美麗的錯誤。當時瓜瓜園參加台灣食品展，主打的產品是「微波烤薯」，要把冷凍的烤蕃薯微波加熱後給來賓食用，結果人太多

來不及微波，只好直接將冷凍烤薯給來賓食用，卻意外被沖繩的 SAN-A 超市看上。

但打進日本市場可不是簡單的任務，光是提案、調整的來回時間就長達 3 年，SAN-A 超市不僅對產業、原料、規格都嚴格要求，就連地瓜皮太醜都不行，不僅要調整甜度、品質、保存方式，還指定產區、農民、採收月份、管理方式。為了讓產品賣相更吸引人，日本客戶選擇大顆的地瓜，常溫解凍 24 小時後，以斜切露出最好看的金黃色那一面，包裝後上架販售。

SAN-A 超市的規格比全家還嚴，瓜瓜園的蕃薯只有 3% 能符合標準，雖然精挑細選上等貨，但獲利並沒有更好。邱裕翔說，瓜瓜園在第一年出貨日本的供應量、供應品質就「拉到頂」，也因為 SAN-A 自認對瓜瓜園的技術提昇有貢獻，之後也堅持不肯讓瓜瓜園漲價，但我們賺到的是這套 Know-how。

「日本的千規萬矩，都是用來拒絕人，而不是成事的」，雖然成功打進了沖繩，但要拓展日本本島市場時卻碰到了難題，邱裕翔說，接觸到的每家日本企業採購人員看似都誠意滿滿，嘴上都說很喜歡你的東西，但照著他們的要求永遠都走不到終點。

瓜瓜園在原地繞了 5 年，才理解日本供應鏈關係中，「問屋」扮演極為重要的角色。「問屋」類似台灣的大盤商，但整合了商流、物流、金流、收付，就連餐飲業的菜單開發都是「問

屋」提供，把持了餐飲業的源頭。後來瓜瓜園從高層直接提案給通路，然後上下同時打通關節，3 個月就快速完成上架。

打造台灣最大規模加工廠

日本的經驗讓邱裕翔瞭解到，要打開一個國家的市場，必須要先瞭解當地的商業文化。以東南亞來說，因為涵蓋多種語言的國家，除非在新加坡設公司，一定要有多地業務、多種語言才打得進去。所以瓜瓜園選擇與全球最大薯條製造商麥肯（McCain）合作，把速食店通路的提案權都交給對方，而不是全部靠自己從零開始。

瓜瓜園進軍國際也都依循這樣的思維。大型跨國速食業者幾乎都已進軍台灣，瓜瓜園在台灣和這些公司達成合作之後，就會把這樣的成果提供給國外的經銷商，讓他們在國外提案。例如瓜瓜園在台灣已經取得 A 公司的認證，理論上就能符合日本、東南亞 A 公司的需求，不必一切從零開始。「我們在台灣做 0 ～ 1，讓海外去做 1 ～ 10」，邱裕翔說。

雖然積極拓展國際市場，但短期內瓜瓜園並沒有到國外設廠的打算。邱裕翔解釋，台灣目前蕃薯總種植面積約 1 萬公頃，但若需求量大，種植面積要倍增，其實並不太難；若是到中國要找到這麼大的面積，很可能就要跨省運輸，東南亞更可能要靠海運，但台灣的產區不過是南北 2 小時的車程而已，還是有

很好的優勢。從產品運輸的角度來看，即便從高雄港運到中國的北上廣深，也不會比內陸運輸來得慢。

讓台灣地瓜站上全球舞台

從賣蕃薯到完成上下游整合、進軍國際，如今的瓜瓜園把自己定位成為一個平台，要做的是供應鏈的經營，從原本的機會財轉型為管理財，「管理財很難賺，但長長久久」。

邱裕翔重申，瓜瓜園把農民、同業當成夥伴，從育苗、種植、代栽、採收到運輸，每個農民都可以找到自己想做的區塊，而品牌、代工各部分，瓜瓜園也同樣可以跟同業做不同程度的合作。

為了提升對通路的服務，並滿足客戶的需求，瓜瓜園將研發部門掛在營業單位之下，還會把研發人員調去當業務，因為在瞭解產製銷所有環節後，溝通起來會更順暢。

邱裕翔說，這個作法其實是仿效科技業，完全貼著客戶走，客戶要什麼東西，就馬上能夠做出來；甚至要替客戶腦力激盪，「先想他要什麼，而不是我要賣他什麼」。

目前瓜瓜園外銷與內銷的比例為 1：9，但在專供外銷的 K3 廠上軌道之後，希望在 5 年後把這個比例拉到 5：5，隨著產能利用率的提升，耗損減少，利潤也就會增加。但瓜瓜園著眼的遠不僅於此，從蕃薯累積的經驗，從農場到餐桌、從加工

到品牌、從超商到連鎖店、從上下游到完整供應鏈的模式，還可以移植到芋頭、南瓜、馬鈴薯、洋蔥等不同產品上。

只要能夠複製蕃薯產業的成功經驗，瓜瓜園就有做不完的生意，台灣農業的結構和樣貌也會更不一樣。

Q 蕃薯行業間競爭的生態如何，競爭者是種植還是加工或其他環節？

A 通常幹掉你的都不是你認識的人，例如諾基亞是被蘋果打敗。超商的生意我不可能做滿，但如果進門第一台是地瓜機，大家都有飯吃，如果超商把地瓜機撤掉，大家都趴在地上。

競爭者存在才是產業進步更快的方式，如果沒競爭者，就很容易失去趨勢。同業存在是必要的，才會見賢思齊，高度競爭才會高度進步。

我們讓自己成為骨幹，在產製過程中不同的分節點上，分別和不同的同業做不同的合作，我們就變成供應鏈的關鍵，品牌、產地、加工的競爭各自拆開，我的賣場也賣阿甘的產品。

Q 瓜瓜園如何進軍東南亞市場？

A 我們在東南亞聚焦於速食店，因此找上全球最大薯條製造商麥肯（McCain），因為麥肯在當地沒有蕃薯產品，但要求把當

地的提案權都交給麥肯，我們就把麥肯當作區域代理，配合拿下清真認證等各種認證，讓他們去提案。

我們認知自己的力量就這麼大，借力使力，不要什麼都自己來，把資源放在核心上，把我的資源跟所有人共享。

Q 蕃薯產業未來發展的關鍵是什麼？

A 這個產業要進軍國際，原料跟儲存絕對是重中之重，這兩個問題不解決，再會種、再會賣、再會做都沒用。採收怎樣機械化、自動化，儲存要怎樣大量化、拉長時間，這絕對非常核心。

我們參考了歐洲、美國、日本的作法，他們都是溫帶國家的思維，以馬鈴薯的概念來做。但台灣有颱風、氣候也和他們不同，所以必須要發展自己的技術。

Q 瓜瓜園大規模擴充產能，財務面需要怎樣的支撐？

A 過去 5 年我們投入了大量的資本支出，所以這幾年過得很辛苦，但這種產業鏈必須一次到位，不可能後面再慢慢加強特定環節。未來幾年，我們必須快速成長，不然折舊各方面的壓力就會很大。未來 5 年在市場端，資金槓桿並不會很大，重要的是精進內部管理，增加使用率、降低損耗。

瓜瓜園要打世界盃，必須要變成 Taiwan Inc.

1. 台灣的農業，種植和生產的技術都不是問題，已經有非常多的心得。但未來要往 3.0 升級，供應鏈就至為關鍵。這次新冠疫情搞得全球供應鏈大亂，讓大家更加認識到供應鏈的重要性。

2. 瓜瓜園發展到今天，該投入的成本都已經投入，未來只要提高使用率，營收爆發力跟利潤都會很可觀。瓜瓜園把自己定位為供應鏈的骨幹，未來發展快則 5 年、慢則 10 年，就會遇到和 McCain 等國際大廠的競爭，所以必須在這段期間內，把資金、產銷、研發等問題都解決，把自己跟同業綁得更緊。未來必須要以 Taiwan Inc. 的姿態打國際盃，如果還只是瓜瓜園 Inc. 就很容易被國際大廠各個擊破。

第 8 章

緯穎科技
不靠富爸爸
緯穎獨立征戰雲端的轉型過程

「每一次的挑戰,都是逆境菩薩,讓公司學會快速應變,並透過敏捷式管理來提昇競爭力。」

——緯穎董事長暨策略長洪麗寗

轉型關鍵

背景	升級轉型方向／方式	具體作法
終端客戶調整採購方式	開發新產品	雲端服務供應商希望跳過中間商，直接建立 ODM-Direct 銷售模式，緯穎為了滿足客戶需求，從雲端伺服器做到整合式機櫃
與客戶產生競爭	切割獨立	為了避免與筆電客戶正面競爭，緯穎從緯創企業產品事業群切割成立新公司
市場需求變化	開發新技術	因應資料中心的發展趨勢，投入高電源效率、高傳輸速度、散熱解決方案等新技術，其中兩相浸沒式冷卻技術已獲多家客戶青睞，大量採用在資料中心

　　個頭迷你、爽朗的笑聲，是緯穎董事長暨策略長洪麗寗的招牌，她拿出印有緯穎 LOGO 且繽紛亮眼的頭巾、口罩及保溫壺，以興奮的語氣向大家介紹：這是我們十週年送給貴賓的禮物。

　　回顧緯穎這 10 年來的發展歷程，從緯創資通的一個小事業群獨立，業界不斷傳出看衰的聲音，但緯穎精準掌握雲端產業高速成長、原廠直接銷售（ODM-Direct）模式興起的契機，囊括主要雲端服務供應商（Cloud Service Provider,CSP）的訂單，已在全球雲端資訊科技基礎架構 ODM-Direct 市場取得 25% 市佔率，穩居龍頭地位。

　　有些人將緯穎的亮眼表現歸功於緯創這個富爸爸，但熟悉緯穎的人都知道，除了從緯創獲得製造及 IT 資源、有利於跟銀行貸款以外，緯穎全是靠著自己一步一腳印，從無到有打下現在的江山。一直勇於跨出舒適圈挑戰自我的洪麗寗是緯穎的靈魂人物，看準雲端市場的趨勢後，就義無反顧地衝刺，不管是遇到產品設計的瓶頸、產能不足、客戶衝突等問題，她都視為是「逆境菩薩」，帶領團隊一一突破難關。

投入資料中心開發

　　緯穎成立於 2012 年 3 月，但洪麗寗與團隊早在緯創任職期間，就打下良好的基礎。2004 年緯創進行大改組，改成事業群的組織架構，洪麗寗接掌企業產品事業群總經理，她坦言是一個極度陌生的領域。到了 2008 年，業界開始討論雲端產業，她接觸到軟體即服務（SaaS）、平台即服務（PaaS）這些全新的商業模式，也嗅到了一些嶄新商機正在萌芽，因此決心

投入資料中心（Data Center）的開發。

「那時的雲端就跟現在的元宇宙差不多，大家都開始在講，但實際上怎麼做還在摸索中。」洪麗甯深知科技產業就是要搶快，她立刻跟董事長林憲銘提案，在公司內部拿到 3,000 萬元的資金，著手研發資料中心的相關技術，同一年在緯創科技日就亮相了；而這個佈局，後來也成為緯創在雲端事業站穩腳步、後續更成立緯穎的重要一步。

緯創雲端產品的第一個客戶是工研院，2009 年工研院成立雲端運算行動應用科技中心，大舉投入 Cloud OS 雲端運算平台的開發，其中貨櫃型機房就是由緯創與英業達參與開發。「當時我們只做過板卡及機器，根本沒做過整個機櫃的資料中心，」洪麗甯回憶說，為了開發這個機櫃，團隊參觀安碁資訊位於龍潭的資料中心，對於規模龐大的中控室、發電機、水箱、電池等都留下深刻印象，也從中學習到資料中心的基礎架構及運作模式。

歷經半年多的努力，團隊順利打造出資料中心的硬體核心，涵蓋伺服器、交換器、儲存設備等，在冷氣房的貨櫃中可完善運作。緯創與工研院合作開發的雲端資料中心，以兩個 20 公尺的貨櫃展示，至今都還放在工研院，洪麗甯經常帶重要的國際品牌客戶去參觀，證明公司確有開發雲端機櫃的實力。

雖然開發硬體不算太難，但洪麗甯認為最大門檻在於軟

硬體的整合，當時客戶的聯絡窗口都是軟體背景，無法開出適當的硬體規格，對硬體工程師就相當辛苦。「代工廠的習慣是把規格問得很細，例如牛肉麵要放多少鹽巴、加幾根蔥都要提供，導致外部合作夥伴抱怨連連，卻還認為客戶端很不專業；但有經驗的廠商就不一樣，即便客戶只是提供粗略的規格，他們還是能夠自己生出相對應的硬體功能出來。」而這些與軟體客戶的合作經驗，後來都成為緯穎承接國際大廠訂單的重要養分。

雖然當時有不少台灣廠商前仆後繼投入雲端市場，但洪麗寗認為「說簡單不簡單」，因此至今只成就出廣達、智邦、緯穎等少數公司，最大關鍵在於經營者必須看得懂產業發展脈絡與市場走向，對新事物具有強烈的好奇心及盲目的信心，願意投資人力及經費去嘗試，才有可能等到開花結果的一天。

跳過中間商直接供貨

緯穎在雲端市場的契機，發生在 2010 年。原本雲端硬體的銷售模式，都是由 ODM 廠商出貨給品牌廠商，進行軟硬體系統整合後，再交付給雲端服務供應商（CSP），但許多 CSP 都覺得這種銷售模式有改革的必要。

於是就有 CSP 直接找上洪麗寗，洽談 ODM-dircet 的直銷模式，劈頭就問：我們為什麼不能自己訂規格、或開發客製化

的機種？還抱怨經銷商賣機器給他們都很貴，不僅硬體賺一手，還加上許多軟體及服務的費用。其實 CSP 自己就是軟體業者，有自家的管理介面、也知道如何應用，根本就不用經過中間商。

事實上，過去 ODM 廠商都是開發泛用型的機種，規格四平八穩，可同時供貨給不同客戶，但只供應單獨的設備，再由經銷商進行系統整合。「工程師根本看不到終端用戶，也不知道為何而戰，我們的價值都被遮蔽了，」洪麗甯深有所感地說。

CSP 提出這樣的新合作模式後，洪麗甯一則一喜、一則以憂。喜的是他們可以直接跟終端客戶討論規格，也看得到研發產品最終呈現的樣貌；憂的是過去缺乏這種經驗，對於自家的技術與服務並無十足把握。此外，像是產品開發後智慧財產權如何歸屬、設計後是否一併製造等議題，也都得討論釐清。

與客戶競爭議題浮上檯面

不過，最大的難題還不是這些，而是與客戶競爭的問題。尤其伺服器品牌商也都是緯創在筆記型電腦代工的重要客戶，如果為了伺服器的生意與他們競爭、可能因此得罪客戶；但另一方面，如果緯創選擇不跟 CSP 合作，等於放棄此一良機，洪麗甯面臨進退維谷的兩難。

經過多方的利害權衡考量，緯創最終還是答應與 CSP 合

作，自此展開伺服器 ODM-dircet 銷售模式，但沒多久就被伺服器品牌商發現了，他們對緯創與 CSP 合作、不惜與他們競爭的作為相當不滿，還嗆聲說「我們一年給你們多少筆記型電腦的生意，你以為你們一年能從 CSP 接到多少伺服器的訂單？」

抵不過這些客戶的龐大壓力，緯創高層開始熱烈討論，雲端事業的下一步究竟要何去何從？

當時不僅是緯創，包括廣達、英業達等同業也都面臨類似的狀況，但每家公司的因應作法不同：有些公司為了避免開罪筆記型電腦代工客戶，放棄伺服器 ODM-dircet 的生意；有些則是決定衝刺伺服器 ODM-dircet 市場，不惜放棄部分客戶的 NB 及伺服器代工訂單。

緯創則是試圖尋求兩全其美的解決方案，董事長林憲銘同意將伺服器事業進行切割，透過內部創業的方式，交給主戰的洪麗甯成立緯穎，由緯穎專注於直接銷售給 CSP，緯創仍可承接品牌廠商的代工訂單。緯創為此也與特定品牌客戶簽訂切結書，未來緯創不跟客戶參與同一標案競爭，洪麗甯也不在緯創擔任職位及持股，緯創持有緯穎股份則將持續釋出，確保緯穎獨立運作。

2012 年 3 月，緯穎正式從緯創獨立出來，從外界來看，這是一場不小的賭注，但洪麗甯豪氣地說，「成功就成功，失敗大不了便剁掉，充其量就是賠掉 9,500 萬元的資本額而已！」

當時因為部分客戶對這件事非常糾結，每天都在吵這個問題，團隊認為有必要趁早進行處置，現在回過頭看，「反而要非常感謝某些客戶，成為我們的逆境菩薩。」

邁向海闊天空的雲端產業

從宏碁到緯創、再從緯創到緯穎，洪麗甯再次歷經公司分拆重組的艱辛過程。她從自己的事業群中的業務、研發，及人資、財務等部門，號召願意投入內部創業、對雲端事業充滿熱情的同仁一起加入，因為採取輕資產的營運型態，初期並未設立工廠，而是與緯創在製造端緊密合作，成立之初員工還不到200人。

「我很開心能夠離開大組織，出來第一天，覺得繁文縟節都脫掉了。」她頓時覺得海闊天空，尤其與雲端產業的客戶深入接觸後，發現團隊的優勢得以充分發揮，更深信雲端市場就是她想投入的方向。

洪麗甯坦言，過去接觸的國際品牌客戶都是大組織，內部罵來罵去是常有的事，平常的社交生活就是打高爾夫球；但接觸到 CSP 客戶後，發現他們都喜歡穿拖鞋、戴耳環、不太社交的科技宅，更常談論自己的夢想，「我知道以後發牌的人就是這些人，這些軟體應用的專家幫忙訂硬體規格，不要很漂亮的機殼，而是要最強大、最多的處理器，加上雲端產業具有量

大、客製化、交貨地點不多等特性，正好與緯穎的強項相符。」

與緯創虛分實合

　　雖然產業前景無虞，但對洪麗寗來說，最大挑戰在於如何獨立經營一家小公司，特別是在緯穎、緯創「虛分實合」的大原則下，必須保持有點黏、又不能太黏的關係，在成立前 3 ～ 5 年，她坦言每天都在拿捏兩家公司之間的「界線」。

　　「還好過去我在緯創的名聲還不錯，當時在緯穎成立時有些同仁選擇留在緯創、有些選擇加入，也沒有引起失和，後來才能靠交情爭取到一些資源，」她認為這是緯穎得以順利成長的重要關鍵之一，「如果緯穎是找外面的人經營，因為跟緯創高層缺乏信任感，很有可能會失敗！」

　　以信任為基礎，讓緯穎的起步平順許多，但究竟雲端市場有多大？洪麗寗坦言，一開始並沒有想那麼多，當時緯穎伺服器的業績一年大約 300 億～ 500 億元，市場不算很大，但覺得有趣好玩、是個機會，大方向就是要先活下來。

　　「還好我之前不是做筆記型電腦，所以比較容易捨得，否則一定不會出來；後來真正進入雲端產業後，才知道市場規模遠遠超乎預期！」她有感而發地說。

　　直到現在，外界還是有種錯覺，認為緯穎受到緯創的資源挹注，才能創造如此驚人的成績。洪麗寗強調，從產品設計、

系統整合、測試，都是由緯穎一手包辦，只有在製造端跟緯創合作，但即便是在緯創工廠生產，也是由緯穎採購原料、再交由緯創進行來料加工；因為有時搶不到緯創產能，自 2019 年起緯穎也開始建立自有產能。

在業績一路成長的背後，緯穎其實不斷面臨來自客戶、競爭對手、母公司、主管機關的壓力或挑戰，但洪麗寗就是保持且戰且走、摸著石頭過河的心態，「因為大家的目的都很一致，遇到了就想辦法解決。」她認為每一次的挑戰，都是逆境菩薩，逼著緯穎更快速應變及調整，透過敏捷式管理來提昇競爭力。

例如，原本緯穎規劃在 2018 年下半轉上市，但主管機關認為其使用緯創墨西哥工廠，讓緯創員工使用緯穎的進銷存系統，具有一定的內控風險；緯穎為了符合規範，特別成立一家人力公司，將工廠主要幹部納入緯穎運作，拿回最後一哩的自主權，才獲得主管機關同意，上市時間因此延遲了半年左右。

此外，緯穎為了取得墨西哥廠的特許執照，更是多花兩年多時間，直到 2021 年 7 月才正式取得許可，這些都是公司成長階段難以預期、但必須嚴肅面對的挑戰。

「我們走過了很辛苦的的日子，裡頭有很多不為人知的困擾糾葛，非常感激產業給我們的機會，讓我們能有現在的成績，這些都是團隊上下齊心努力所致，不只是因母公司供養而成。」她感性地說。

強化技術競爭力

緯穎先後取得微軟、Meta 的伺服器訂單後，營運吃下定心丸，但業績進入高速成長期，則是從 2015 年開始。原本緯穎主要是開發雲端伺服器，並沒有做整合式機櫃，公司一直希望有所突破，但過去並無參與國際大廠整機櫃設計標的經驗；有次因緣際會取得一份厚重的規格文件，團隊根據這些規格，花了一個半月組裝兩個機櫃，運到美洲展示給微軟看，成為他們切入整機櫃的拐點。

基於長期合作的情誼及對緯穎技術的肯定，微軟很快就邀請緯穎參與標案，緯穎於 2016 年首度取得五台整機櫃的代工訂單；後來 Meta 也找緯穎合作開發整機櫃，此後訂單就一路成長到上百台，帶動緯穎這幾年的營收與獲利持續爆發性成長。

目前緯穎正處於外部產能與自有產能的轉換期，已在馬來西亞、台灣、墨西哥同步擴充產能，其中馬來西亞廠已自行購地開始建置兩座廠房，台南廠則是先與啟碁合作，同時也在南科台南園區興建自有廠房。

放眼未來，緯穎在微笑曲線兩端，會繼續往技術端上面走，一方面持續研發先進冷卻、自然散熱等技術，藉以提高網路速度與運算密度，同時符合 ESG 環保永續思維；一方面也針對 5G、AI、伺服器從核心走向邊緣等趨勢，強化與 CSP

的合作關係。此外，緯穎也積極參與開放運算計畫（Open Compute Project,OCP），藉以掌握規格甚至取得制訂規格的機會。

「過去我們躲在品牌商後面，現在我們已是檯面上雲端基礎架構主要供應商，而且就在對的市場及應用上。」洪麗甯指出，目前緯穎在包括品牌及 ODM-Direct 銷售的雲端 IT 基礎架構市佔率約 10%，排名在第 3 到第 4 之間，未來希望能夠進一步提升到 15 ～ 20%。她強調，只要能以創新的思維，提供最有利的整體使用成本，並帶來最佳化的工作負載與能源使用效率，為客戶提升價值，緯穎就有繼續成長的機會。

Q 當初何以看好 ODM-dircet 的商業模式？

Ⓐ 台灣廠商在伺服器產業早就馳名世界，只是過去藏在品牌廠商 LOGO 的背後，但終端客戶其實都知道這些機器幾乎全由台廠操刀，因此他們在轉向 ODM-dircet 模式後，自然直接找上台廠合作。

以往我們做基礎架構的 ODM 廠商，都是看不見的存在，需要很大的熱情才能支撐，我們不知道賣給誰，也看不到最終產品的模樣，所有價值都被品牌商與通路商所遮蔽了，這種銷售模式非常有改革的必要。CSP 如果能夠自訂規格，直接由 ODM

廠商設計供貨，更能符合其客製化、快速交貨的需求，也不用讓中間商賺一手。

Q 緯穎能夠在雲端產業勝出的關鍵為何？

A 我覺得深耕技術很關鍵。有次我邀請宏碁集團創辦人施振榮來參加緯穎科技日活動，他看到緯穎的大型機櫃後忍不住大嘆「這才叫技術」，後來還找了很多業界朋友來參觀，施振榮的個性裡頭還是有工程師的 DNA，讓我非常感動。其實施振榮所說的微笑曲線原本就應該包含兩端，不能只有其中一端的品牌與服務，另一端的研發與技術也是非常重要！

Q 具體來說，緯穎有投入哪些先進技術的研發？

A 緯穎針對未來資料中心的發展趨勢，一直致力於發展高電源效率、高傳輸速度、散熱解決方案。以散熱設計為例，現在處理器運算能力愈來愈大，物理散熱已經快走到極限，為了避免資料中心過度耗能，我們幾年前就投入兩相浸沒式冷卻（Immersion cooling）技術，將機器泡在比水沸點低的 3M 工程液體中，利用液體蒸發變成氣體、氣體遇冷變成液體的過程帶走熱能。該技術獲得多家 CSP 青睞，已在資料中心大規模採用。

Q ── 緯穎從最初的輕資產，到後來設立自有產能，後續如何規劃產能來因應持續成長的訂單需求？

A 緯穎過去主要使用緯創在墨西哥、捷克、中國的產能，分別供貨到北美、歐洲、亞洲市場，但隨著產品應用面愈來愈廣，伺服器、資料中心、元宇宙等訂單持續成長，加上區域化生產的需求興起，產能吃緊的問題也浮上檯面。現階段緯穎正同步於台灣、馬來西亞柔佛、墨西哥擴充自有產能，其中馬來西亞一廠為系統組裝廠，二廠為主機板生產線，預計到 2024 年主機板與系統組裝廠自有產能，將分別增加 5 倍與 3.7 倍之多。過去亞洲市場主要由中國的工廠供貨，但現在亞洲有高達 70% 的資料中心都設在新加坡，從馬來西亞柔佛就近供貨，比起中國工廠更具成本競爭力。

創生觀點 ··

掌握契機，勇敢賭一把；
不只著眼於客戶的 CAPEX，還可切入 OPEX

1. 洪麗甯董事長不是電子電機科系出身，但在很多產業拐點需要轉折取捨的關鍵時刻，都能果敢決斷賭一把。緯穎十餘年前精準抓住雲端產業即將高速成長的契機，大膽接受原廠直接銷售的新興商業模式，讓緯穎彎道超車竄升為市場龍頭，洪麗甯既是舵手，又是推手，功不可沒。

2. 緯穎成立初期，資金有限，決定採取輕資產的營運策略，先把產品交由緯創代工製造，本身專注於培育人才，全力投入設計測試和系統整合等研發創新，聚焦資料中心領域，深耕先進技術能力，從雲端伺服器做到整合式機櫃，帶動緯穎的營收和獲利呈現爆發性成長。水到渠成時，緯穎再因應市場客戶需求，於近年才開始建置自有產能。緯穎經營策略，進退攻守，輕重緩急，拿捏相當到位。

3. 從雲端 IT 基礎架構市場趨勢觀察，未來幾年不管是量的成長或質的升級都很值得期許，緯穎如何精益求精，繼續維持並增強市場先行者的競爭優勢，不可不慎。隨著雲端伺服器從核心走向邊緣，將來雲端機房委外建置管理的需求可能與日俱增，緯穎或可超前佈署，不只著眼於滿足客戶

採購雲端機房設備的資本支出（CAPEX）需求，更可著手於因應客戶的營運費用（OPEX）需求，包括代管機房、降低耗能、減少故障、節省營運成本、增加綠能等面向。

第 9 章

中磊電子

化危機為轉機
中磊 10 年布局、5 年轉型的操盤心法

「美中貿易戰是難得一見的危機,也是千載難逢的契機!」

——中磊電子董事長王煒

轉型關鍵

背景	升級轉型方向／方式	具體作法
寬頻網路崛起	擴展多元產品線	決定犧牲毛利、追求營收成長，遂大舉擴張研發團隊，從利基市場邁向主流市場，從單一產品線發展成全產品線
代工獲利空間遭壓縮	改變供應鏈價值	歐美客戶追求經濟規模，日益壓縮公司代工價值，乃被迫從 ODM 代工模式改成直接供貨給電信營運商
地緣政治牽動供應鏈關係	調整產能配置	因應美中貿易戰對紅色供應鏈的衝擊，快速將產能從中國遷移到菲律賓，並與美國電信營運商達成共識，確保後續三年訂單

　　走進中磊電子位於南港軟體園區的辦公室，一整排的會議室都是以各國知名山脈所命名，不僅反映出王煒熱愛爬山的興趣，也展現出中磊在營運上不斷攻堅、再創高峰的企圖心。

　　2022 年底才度過 30 週年生日的中磊，原本是一家單一產品線的小型網通設備廠，但王煒於 2000 年接掌總經理後，展

開一連串的變革，帶領公司擴展多元化產品，發揮軟硬整合的優勢；2018 年更是破釜沈舟，從 ODM 代工模式轉變為直接服務一線電信營運商的直供模式，在美中貿易戰與疫情期間取得不少紅利，2022 年營收衝破 600 億元大關，創下歷史新高，在沒有富爸爸的台灣網通設備廠中獨占鰲頭。

從利基市場勇闖主流

　　中磊成立於 1992 年，最早以軟體為核心，固守在網路列印伺服器（print server）單一產品的利基市場，在每年約 3,000 萬～ 5,000 萬美元的市場規模中，取得全球 10 ～ 20% 的市佔率。隨著寬頻進入每個家庭，利基市場逐漸變成主流，在這個轉變中，很多新創公司轉不過來，中磊也遇到一些困難，既有團隊還停留在為特定品牌 ODM 代工的模式，雖然眼前還不錯，但是隨時都有被轉單的風險。

　　在中磊榮譽董事長暨共同創辦人王伯元的邀請下，王煒在 2000 年加入中磊擔任總經理，這時他面臨一個重大決策：要進入主流市場並發展完整產品線的核心能力，還是繼續留在利基市場、把利潤守好？如果範圍拉得太寬、包山包海，可能最後什麼都做不出來。他下了一個賭注，進入主流市場，毛利雖從 30% 腰斬為 15%，但營業額從 1,500 萬美元成長到 1 億 5 千萬美元，一口氣增加 10 倍。

　　為了建構應有的技術能力，王煒將研發團隊從原先的 20～30 位擴大到近 200 位，還跑到中國去搶工程師。他發現台灣的軟體不容易賣，但硬體很厲害，於是改成「賣硬體送軟體」的商業模式，然後用客製化的軟體作為防禦，因此多年下來都能保有 15% 的毛利率。商業模式對了，就可以拓展多元化的產品線，從列印伺服器到路由器與 WiFi，將核心技術擴展出去。

　　技術與產品線的擴展很順利，但是銷售模式從代工到直供（Go straight）的過程很痛苦。王煒表示，從 2008 年就開始布局，「週間白天做間接，晚上跟週末做直接，而且做客人不做的產品，這個過程一走就走了 10 年，但打死我都不說有在做直供，就是擔心惹惱代工客戶」。

代工價值被壓縮，決定跳過中間商

　　在中磊成立的前 20 多年，一直都是與歐美設備品牌大廠合作，不過，隨著市場快速變遷，包括摩托羅拉（Motorola）、諾基亞西門子（Nokia Siemens）、阿爾卡特朗訊（Alcatel Lucent）、思科（Cisco）、愛立信（Ericsson）等一線歐美設備大廠，都面臨兩個困境：在美國市場以外，被華為在 4G、5G、光通訊的凌厲攻勢打到節節敗退；在美國市場，則經歷不斷併購整合，財務因槓桿過大而出現問題。

　　多數歐美設備大廠都對經濟規模有個迷思，因此想找鴻海這樣的大代工廠合作，但網通設備跟手機、PC 的規模相差很大，手機每年有 10 億隻等級的銷量，但每類網通設備只有 2,000 萬～ 3,000 萬台，相當於只有 2 ～ 3%；此外，手機跟 PC 都是單一外型規格，製造的價值更甚設計，如果用這樣的經濟規模思維套在網通設備上，其實效果相當有限。

　　中磊早先主要代工客戶有 7 ～ 8 家，後來併購到僅剩下兩家，王煒坦言，這些客戶經濟規模放大後卻無法確保價值，顯然併購是失敗的，但它們仍要求更大的經濟規模，導致中磊一直被邊緣化，「轉型是被迫的，也勢在必行！」

　　過去歐美設備廠商的模式，都是跟晶片業者綁定，然後找台灣廠商設計與生產，「隨著設計與軟體趨於標準化，廠商的毛利率僅剩下 15%，價值被壓縮得很厲害！」王煒感嘆地說。後來營運商發現，核心技術都是台灣廠商在做，因此也想要跳過中間商，給了台灣廠商直供給營運商的契機。

因應美中貿易戰，中磊迅速調整戰略

　　2018 年夏天，是中磊的重要拐點， 王煒正式跟歐美與中國代工客戶攤牌，要直接服務電信營運商，其中的關鍵因素就是美中貿易戰。

　　當時，美中貿易戰一觸即發，網通設備首當其衝，美國

首先對中興、華為下禁令，接著又針對中國供應鏈祭出關稅制裁，業界人心惶惶，不知道這波貿易戰會延燒到什麼時候、擴及到哪些範圍、衝擊程度有多大；王煒嗅到詭譎的氣氛，「這是難得一見的危機，也是千載難逢的契機」，決定搶先啟動規劃多年的直供模式，飛去美國逐一與營運商溝通。

美國出重手打擊紅色供應鏈，王煒認為事不宜遲，必須儘速啟動中國以外的生產布局。當時絕大多數台廠都選擇前往越南設廠，他幾經評估，認為北越的量體無法支撐整個中國供應鏈的轉移，紅河谷地有 4,000 多萬人口，但包括三星電子、筆記型電腦（NB）供應鏈都大舉前往設廠，很快就會重演長三角勞工短缺的問題，因此他斷然決定前往菲律賓設廠。

之所以能快速反應，王煒認為關鍵在於中磊沒有母廠，具有自主營運的能力，包括設計、製造都在自己手上，可以掌握決策的時效性，即刻進行整廠遷移。相較而言，其他多數中大型網通設備廠商都要等富爸爸、富哥哥決定，無法快速決策。

王煒坦言，在平穩時代，中磊沒有母廠資源，必須自主營運，費用多出約 2%，是一種劣勢，競爭對手靠集團享受經濟規模、資源共享的綜效；但在非常時期，中磊可以自行快速決策，其他隸屬於集團的公司，通常需要跟著母廠走，不具備整廠迅速佈建的靈活彈性，就得付出決策延遲的代價。

五年完成轉型，繳出亮眼成績單

　　原本王煒盤算，在美國改成直供模式後，ODM 業務將大量流失，大概要蹲 3 ～ 4 年，才能把 ODM 業務的四成營收補回來；結果川普貿易禁令出手後，改寫了整個戰局，沒有人敢對不確定的額外關稅作出承諾，但中磊承諾，只要客戶確保未來三年的訂單，關稅的問題都由中磊負擔，惟希望客戶多付 5% 的費用，補貼中磊將產能移往東南亞所增加的成本。

　　結果這樣的條件，獲得美國三大電信營運商全數買單，不僅保證三年訂單，還不准中間商換掉中磊。2018 年 5 月，王煒在吃下三年訂單的定心丸後，立刻著手將產能大量往菲律賓遷移，結果不僅在北美原先的 ODM 客戶沒有轉單、還一口氣拿下許多營運商的新訂單，至於中國市場雖流失大量訂單，但華為在拉丁美洲、東南亞、日本失去的許多訂單，都大舉流向原本就是華為最佳替代方案的中磊，中磊成為美中貿易戰的一大贏家。

　　危機接二連三，貿易戰之後，又爆發疫情及大缺料。過去產業鏈靠著市場機制尋求垂直分工及規模經濟的極大化，以取得最高效率的資源分配，但在經濟變數增多、市場秩序混亂之下，市場機制完全失靈，必須靠快速應變與執行力來分出高下。

　　王煒強調，當設計、製造、客戶、供應鏈全部在自己手上，我們說了就算，一旦有缺料就快速更改方案，確保得以持續交貨，一旦知道市場有風吹草動，就立刻調整庫存與產能，這也

成為中磊在疫情、缺料期間能夠持續發揮競爭力的主因。

王煒欣慰地說，中磊至此已完成重要轉型。2018 年中磊營收約 11 億美元，ODM 業務約佔整體營收 4 成，到了 2022年營收倍增到 22 億美元，直供比重已經超過 8 成，「從 ODM轉向直供是個很大的賭注，但現在回過頭看，這個策略毫無疑問是成功的。」

深化產品線與組織文化

放眼下個階段，王煒希望將產品線、組織做更深化的佈建，產品線會從家用往雲端的方向延伸，也不排除會展開併購；組織則要建立全新的價值系統，並在擴大經濟規模與維持彈性速度之間找到最佳平衡。

目前中磊在家用寬頻領域已經完整涵蓋 Wi-Fi 路由、5G、光纖及 cable 接入、物聯網家庭應用、小型基地台（Small cell）在內，暫時沒有買技術的需要；不過，在「虛擬化」的趨勢下，從雲端到家之間還有很多節點，有些技術如有所欠缺，歐美有些公司可能是潛在的併購標的。

至於組織方面，中磊採用直供模式後，不管是美國、印度、日本、歐洲等國家，會持續針對這 30 ～ 40 家重點營運商挖深溝，就需要更綿密、複雜的組織管理，現階段組織上仍以中文本地人才為主，但 99% 市場都在海外，下一代的接班團隊一

定要能跟市場接軌，也需要培養更多全球化經營的人才。

Q　中磊歷經多次重大轉型，如何承擔風險？

Ａ 我們很積極，但我們是一個島、一個島往外走，不會在船駛出去的時候，看不到岸就開了。大部分是看得到地平線跟下一個島，我們才會開過去。舉例來講，從列印伺服器到路由器再到 WiFi，都跟我們核心的網通與軟體能力有關，可是 WiFi 多了一個無線通訊技術，是早先中磊不具備的，但是今天我們在這方面技術已是數一數二了。這就是從核心競爭力往旁邊打造新的競爭力，不是從零開始，而是有槓桿的延伸。我們進入家庭監控的 IP 攝影機也是一樣，它需要網通、無線跟軟硬體整合，都是我們的核心能力，但多了一項影像處理，我們就開始打造這項能力。

我們經過十幾年的時間，一步一步從一個產品到多個產品，對歐洲最早採取直供模式，然後美國的小眾產品也開始這麼做，但對美國跟中國的主流產品還不敢冒進，直到後來中國移動崛起才比照這種方式。我們這種中型公司就是要把城堡蓋好，機會來了就開始打，所以對機會的判斷很重要，而且一定要飛到外面去看。

Q 新技術是由內部開發還是從外面取得？

Ⓐ 我們先從自己內部開始，然後中間找專家進來，例如不懂無線通訊跟影像，就找專家進來，以他們為種子，但不挖角其他公司的人。以小型基地台為例，我們在 2008 年開始做，因為它跟 WiFi 路由器很像，只是走不同規格。雖然 3G 有做但沒有做起來，4G 也還好，但到了 5G 我還是堅持要做，台灣公司要能在全球存活，就是氣要夠長、蹲得夠久，而且把握原創開發的 IP，抓緊核心能力，然後不斷擴充。如果一個技術對我未來產品很重要，也跟我的通路相吻合，我們就應該砸資本去投入，至於要到市場上去買還是自己開發？如果它會增加我未來產品的競爭優勢，我們就自行開發。

Q 中磊如何規劃研發與行銷經費的配置？

Ⓐ 我有一個很簡單的準則，就是一個工程師一年做 100 萬美金生意，整體研發經費約佔營收的 5%，而行銷經費也會從之前的 1% 逐步增加到 2～3%。因為我們在不同的市場生根了，通路也多了，必須直接做行銷跟銷售，不然毛利就會被擠壓。這種科技公司在迅速變動的全球市場裡面，如果不跟市場接軌，就沒有辦法精準判斷。

Q 有沒有什麼項目是本來投入但後來放棄的？

A 我們一年大概做 140～150 個研發案子，其中大約有三分之一做不完，多半是因為技術不夠成熟、市場變動、價錢做不出來或假設錯誤等等這些因素。例如我們先前做企業網的 虛擬私有網路（Virtual Private Network，VPN）伺服器，後來發現這個不是白牌能夠做的，我們本身也不具備品牌通路，做了半天還是代工，就砍掉了。其實決定什麼不做也是管理階層很重要的工作。

中磊有一個好處，就是我們的創辦人還在團隊當中，現在的總經理也是創辦人之一，他們都是股東，當他們決定投資一個技術時，他們也等於是投自己的錢，所以股東利益受影響的時候，他們不會堅持為了捍衛某個技術而死抓著不放。

Q 2018 年決定將產能從中國遷移到其他國家時，何以挑選菲律賓？

A 台灣多數筆電廠去北越，是因為蘋果（Apple）要去北越，網通廠就跟著母廠去；我沒有富爸爸、也沒有金主，就自己決定。越南有太多台商與電子業湧進去，很快就會面臨勞工短缺的問題；菲律賓沒有這種問題，加上英文溝通順暢，可以直接管理，不用經過當地幹部。當然，菲律賓還是有一些缺點，例

如對出口比較沒有政策鼓勵，供應鏈也不夠完整等，人才素質
與民族性的部分則透過訓練與管理都可解決。

過去中磊的竹南廠就有許多菲律賓移工，我們對他們的工作表
現普遍很肯定，我們培養菲律賓工程團隊後，再讓他們協助建
置墨西哥、印度的產線，結果他們都能勝任、而且很開心。

Q 從 ODM 客戶到營運商，合作起來有何不同？

A 在 ODM 時代，每天都像帶著團隊打獵，打到就有東西吃，
沒打到就餓肚子，業務很難預期，說穿了，跟品牌客戶之間是
食物鏈關係，隨時可能被他們換掉；進入直供模式後，營運商
客戶反而很仰賴我們，因為它的營收來源是靠資費，產品鋪貨
下去之後，還需要軟體升級及維修，跟我們不是打獵關係，而
是較能預期的長期關係。

前面 20 年每天都是生存戰，現在比較有本錢去談組織文化與
永續經營，過去我們根本不敢建構組織文化，因為技術輸了就
是輸了，現在才敢談組織文化，我在哈佛大學學的東西終於比
較有機會派上用場了。

以前是 ODM 客戶說了算，告訴我們要做什麼、賣什麼，現在
我們可以自己決定。所有跟我們一樣轉型成功的廠商，都不再
是靠擠壓製造成本、而是展現整體價值來贏得客戶青睞，只要

供應鏈管理夠強、垂直整合夠好、快速應變夠強，就是我們的競爭力。經濟規模的重要性，其實遠低於市場反應的重要性。

Q 與營運商建立直接供貨的合作模式後，面臨哪些挑戰？

A 一旦直接面對營運商，就要有心理準備，因為不能有停機時間（Downtime）的，畢竟營運商是靠我們的設備去提供服務並收費的，我們的設備出問題他們就賺不到錢了。這不只是產品技術的問題，還有當地的行銷、銷售跟支援。當中磊從一個單一產品公司，變成一個提供解決方案與服務到世界各地市場的公司，這是一個蛻變，如果沒有足夠的經濟規模，沒有蹲十幾年建立的實力，是不可能做到的。

我們在每一個國家設點至少要砸 200 萬～ 300 萬美元，一線市場更高達 500 萬美元。同時也要在世界各地大量佈建人才，因為不可能都是派台灣人去管理當地市場，如果那邊的將軍全是外國人，我們自己的人在英文溝通及其他各方面能力跟不跟得上，也是很大的挑戰。

Q 過去中磊一直採取自我成長，是否考慮過投資併購的成長方式？

A 2018 年我們轉型做直供模式時，因為擔心營收會一下子蒸發四成，必須想辦法把洞補起來，當時曾嘗試要併購競爭對手，但因為內部未有充足共識，後來並沒有談定。

雖然公司還沒有出現過併購案，但各種討論一直沒有停過，該來提親的也大概都來過，要考量的東西很多，要找到股東利益、員工保障之間的平衡，還有一個重要因素，過去在 ODM 時代可能價值有限，因此公司估值都偏低。

值得一提的是，早先幾次在產業典範轉移的時刻，我們也都靠著自建研發能量補足新技術，所以董事會可能認為，任何技術自己建都建得起來，根本不需要溢價收購別人，頂多只是多花一點時間而已。

Q 如何看待未來 10 年的挑戰？

A 地緣政治還是最大不確定因素，幾乎每天都有國外公司追著問，必須做好各種風險管控。在網通領域還有很多東西可以長，從家用到雲端還有很多節點可以做，過去要經過 ODM 客戶一層，現在直接面對營運商，可以取得第一手而準確的市場訊息，這對我們掌握產業趨勢很有幫助。

台灣廠商中，真正走向國際化、且建立直供模式的大概就是緯創底下的啟碁、仁寶底下的智易、還有中磊 3 家，這一波韓國、日本廠商都敗下陣來，中國廠商則是走不出去，在美中貿易戰的僵局下，台灣廠商仍有一定優勢。

這一波的轉型才過了 5 年，其實還有一堆轉型工作要繼續，產品技術的問題不大，主要還是營運管理的能力。第一批創始團隊從小公司到現在，經過很多次不同轉型，願意轉變及促成轉變的能力已經獲得證明，接下來組織要如何換血、經營如何永續、商業模式如何精進、在規模放大的同時如何維持既有速度，都是相當重要的課題。

創生觀點 ···

全球地緣政治衝突下，企業必備的應變能力

1. 中磊掌握美中貿易戰的情勢，讓原先只敢偷偷做的直供模式浮上檯面，並且在美國營運商 3 年訂單的保證下，快速將產能從中國遷往菲律賓，帶動了營收的快速成長，堪稱化危機為轉機的絕佳典範。台灣企業在歷史長流中的歷練太淺，過去幾 10 年幾乎從未遇過外在環境發生這麼重大的變化，久而久之也就喪失了如何因應處理拿捏的本能，不像歐洲老牌企業身經百戰；全球地緣政治的衝突短時間難解，中磊快速應變、搶得先機的作法頗值得大家參考。

2. 台灣企業有個常見的現象：最高層的經營團隊比較國際化，但往下層次的團隊就有一段差距。隨著中磊轉型成功，客戶群與銷售模式也都發生重大轉變，不能僅靠原有的本地團隊來面向國際市場，必須招募並培養更多的跨國在地經營人才，而且不只是生產或銷售人才，還要包含研發、財務、人資、營運等各種專業。

3. 為了吸引及留住人才，提供員工多元的激勵制度是必要的，很多電子業在幾年前政府實施員工分紅費用化新制後，好像就忘了有這些股份獎勵手段了。其實善用股票選擇權及限制型股票，可以確保經營團隊的穩定性，目標應該是員

工至少要持股 15 ～ 20%，否則恐怕會有長期經營權不夠鞏固的風險。另一方面，公司賺到的錢如何跟股東、經營團隊、員工去合理分享，也要有個宏觀而周延的思維架構，這是台灣企業未來永續經營的重要課題，尤其是有跨國營運的台灣企業更是如此。

第 **10** 章

Appier

獨角獸劇本也能這樣寫
Appier 冷灶熱燒的老派經營術

「人工智慧與數據相互依存，要有足夠的數據，才能把競爭門
檻墊高！」

——Appier 執行長暨共同創辦人游直翰

轉型關鍵

背景	升級轉型方向／方式	具體作法
追求營收成長	擴張海外市場	在站穩台灣市場後，迅速擴張日本、新加坡等海外市場，善用 AI 軟體平台容易複製、自動學習的特性，先建立灘頭堡，接著擴展其他客戶群
提昇產品含金量	透過併購，垂直整合，創造產品價值	除了自我成長，2018 年起也陸續併購印度、日本、台灣及美國的團隊，將軟體整合進來後加以 AI 平台化，擴大產品線，並創造更高的價格與價值

　　走進沛星互動科技（Appier）位於華南銀行總部大樓的辦公室，開放明亮的美式風格映入眼簾，會議室都是以知名的科學家命名，象徵其重視研究創新的精神，五樓到九樓整整四層樓的空間，容納了 500 位員工。這是台灣第一隻軟體獨角獸，也是台灣 AI 新創的代表性公司。

　　AI 現在是科技界的當紅炸子雞，但 Appier 執行長暨共同

創辦人游直翰在 20 年前投入 AI 領域研究時，還是一個不折不扣的冷灶，在創業之初因堅守技術本位、缺乏商業思維，一度摸不到市場的真正需求，公司差點夭折；所幸後來在與客戶合作中找到出路，重新調整營運模式，又獲得紅杉資本（Sequoia Capital）投資，隨著 AI 技術的快速發展和使用環境的成熟，成功打進不同產業與市場，讓 Appier 順勢站上風口，成為全球矚目的 AI 新創。

回顧 Appier 的創業歷程，其實跟多數新創公司的崛起故事大異其趣，不管是深耕技術不躁進、從技術端轉向市場端的調整、冷飯熱炒的過程，以及用 Old school 經營 New school 的另類新創作法，都值得新創與老創公司參考借鏡。

在 AI 領域找到研究熱情

台大資工系、美國史丹佛大學碩士、哈佛大學博士，攤開游直翰的學歷，許多人都會認定他從小到大就是學霸，但他自承在大學階段很混，一直到大三時，修了洪一平老師的圖形辨識課，接觸到新興的人工智慧（AI）與演算法，才發掘出研究熱忱，學業成績也大躍進，後來決定到美國繼續進修 AI 領域。

2003 年他到美國史丹佛大學就讀研究所時，資訊業界比較熱門的主題是資料庫、人機介面，AI 根本乏人問津，他加入 AI 實驗室，成為有 AI 大神之稱的吳恩達教授前五個學生之

一;實驗室主要承接的都是國防部、美國國家航空暨太空總署
（NASA）針對 20 ～ 30 年後的未來性投資計畫，他則是參與
波士頓動力公司（Boston Dynamics）的機器狗研究，以及自駕
車專案等。

游直翰回憶說，AI 機器人當時真得很冷門，商業價值不
高，相較而言，他的妻子、當時還是女友的 Appier 營運長暨共
同創辦人李婉菱，研究主題是靠 AI 降低氣喘這類很有應用價
值的題目，李婉菱看到他鎮日研究跟一般人生活很遙遠的機器
人，總是忍不住問他：「這樣有意義嗎？」

儘管研究主題冷熱不一，但後來兩人都在學術領域闖出一
番成績，游直翰在機器人平衡上獲得技術突破，李婉菱在免疫
學也有重要成果，並在《Nature》期刊上發表多篇論文。游直
翰在史丹佛取得碩士學位後，到哈佛大學繼續研究機器人，相
較於史丹佛、麻省理工學院（MIT）採取應用導向，哈佛大學
完全側重理論，讓他很不習慣，過去只要專注在軟體，如今卻
要自己動手兜機器人，才能測試軟體能否運作。

毅然走上創業路

2010 年，游直翰在哈佛大學博士班即將畢業之際，他開
始思索自己的下一步，一般來說有三種典型的出路：第一志
願是在大學任教，年薪 8 ～ 10 萬美元；第二志願是到微軟或

Google 做研究，年薪 20 萬美元；第三志願是到華爾街當工程師，年薪 30 ～ 50 萬美元。原本他的意向是第一志願──當教授，不過，最終他選擇了走自己的路。

　　那段時間他反覆思考著，機器人到底對人類有何幫助？做了這麼多 AI 科技研究，為何 AI 仍未落實在我們的工作與生活中？新創公司如雨後春筍般出現，為何只有一家是做 AI ？有天他開車到車庫，心裡似乎有了答案。他找上自己的室友—Appier 技術長暨共同創辦人蘇家永，建立研發團隊，每個成員分別拿出自己的積蓄，湊了 10 ～ 20 萬美元，就此在美國展開 AI 的創業之旅。

　　2011 年公司創業之初，就發現在美國燒錢速度太快，但因為 AI 題目太過冷門、資金難覓，再這樣下去很快就會燒光鈔票。基於人才與成本等考量，三個月後團隊就決定搬回台灣，把自家的客廳當成辦公室，盡量吃家裡，藉以降低費用，「還好是軟體平台，我們在世界任何地方都能做！」

　　儘管技術實力一流，但商務開發卻相當不順遂。游直翰坦言，當時的核心成員幾乎都是天真的科學家，完全採取技術研發思維，缺乏商業知識，就是想要做 AI，但並未真正去研究市場。第一個創業題目是遊戲引擎，類似現在的虛擬世界代理人，後來又嘗試了很多主題，但因為與真正的市場需求有一定鴻溝，將近 3 年都沒有營收進帳。

　　眼看公司資金快要用盡，頂多僅能再撐 2、3 個月，剛好有家遊戲公司請團隊開發遊戲交叉推廣的演算法，透過 AI 系統來預測客戶的喜好，藉以推薦其他遊戲給用戶，結果成效比原本高出 1 倍，讓客戶非常滿意。

　　這個成功案例讓游直翰相當驚訝，也有很大啟發。過去團隊一直鑽研最先進的技術，但根本沒有市場，沒想到這個僅花了一、兩天就做出來的小應用，卻能打中客戶。他不斷反思，悟出了這層道理：「從技術去想市場，會陷入技術本位的迷思；應該先找到市場與應用，再回來想技術，才能貼近客戶的真正需求。」

征戰 AI 廣告行銷市場

　　Appier 2012 年以 AI 廣告行銷的軟體平台出發，用數據串起技術開發與商業應用之間的連結，針對遊戲業者與電商等企業客戶，提供獲客、留客、分析資料與統合的端對端解決方案，得到不少台灣客戶認可；2013 ～ 2014 年又跨出海外，征戰日本、新加坡等地，也因此在新加坡遇到了紅杉資本。

　　當時游直翰對紅杉資本是怎樣的一家創投公司，沒有任何概念，他一派輕鬆地去做簡報，結果紅杉資本對於 Appier 的技術、團隊與文化留下深刻印象，尤其對 Appier 還沒布局美國與中國、卻能在日本與東南亞市場小有成績的故事展現高度興

趣。當時正積極尋找亞洲新創投資標的的紅杉資本，與 Appier
一拍即合，2014 年參與 A 輪募資，投資 600 萬美元，這是紅
杉資本第一個在印度以外投資的亞洲新創團隊，也成為 Appier
營運規模放大、站上國際舞台的重要轉折點。

　　游直翰強調，紅杉資本的加入，大幅增加 Appier 在亞洲甚
至世界的能見度，對於擴展客戶、招募人才都很加分；此外，
他們也因此學到資本市場的加速方法，之後又透過多次募資，
讓公司得以擴充規模、持續成長。

搭上 AI 順風車

　　在此同時，Google DeepMind 所開發的 AlphaGo 圍棋機器
人，點燃新一代 AI 技術的戰火，後續 AI 市場更是一波接著一
波增溫。隨著運算效能愈來愈高、成本愈來愈低，加以行動
通訊系統從 3G、4G 演化到 5G，突破雲端運算的瓶頸，AI 即
時運算成為可能，不同產業對 AI 接受度愈來愈高，2022 年底
ChatGPT 引發生成式 AI 的高度關注，又將 AI 熱潮推向新的高
峰，這些也都成為 Appier 開發客戶的重要助力。

　　游直翰表示，早期的網路廣告命中率不到 1%，成長空間
很大，藉由 AI 演算持續往上提升後，客戶都很有感，2015 ～
2016 年 Appier 全面採用深度學習的技術後，又進一步提高 AI
行銷的命中率；因為多數客戶都是經營 B2C，這幾年內累積大

量的資料量之後，對於 AI 系統的訓練幫助很大，「AI 與數據相互依存，要有足夠的數據，才能把競爭門檻墊高，凸顯我們的優勢。」

Appier 一路成長，2019 年營收達到 5,000 萬美元，團隊也走到另一個十字路口，下一步到底要繼續成長、還是加入其他企業？後來他們決定自己走下去，並且邁向資本市場，一方面是看好 AI 市場還有很大潛力，另一方面則是希望能繼續挑戰自我。

在眾多 IPO 的資本市場當中，他們選擇了營收比重較大、且軟體業本益比較高的日本，2021 年 3 月在日本東京證交所 Prime 創業板上市，之後連續兩年營收成長率均達到 40 ～ 50%，2022 年 Appier 營收突破 1 億美元大關，營業利益更首度轉正，在在顯示他們已經走在正確的路上。

併購心法：將平價車改造成超跑

除了自我成長的途徑外，2018 年起 Appier 也陸續併購了印度、日本、台灣及美國的團隊，加速補強相關的應用方案。游直翰表示，這個產業變化太快，自己開發的速度絕對跟不上，因此會尋找在市場上有一些成績的行銷科技軟體，併購整合進來後加以 AI 平台化，「透過我們的加工，讓平價車變成超跑，創造更高的價格與價值。」

　　目前 Appier 已順利打進亞洲的一線客戶，其中日韓市場佔到整體營收的 66%，兩年前才進軍美國市場也有不錯斬獲，已佔到 14% 營收。游直翰強調，未來 3 ～ 5 年還是會以有機成長為主，但也會透過併購來壯大產品線的陣容，並擴展不同垂直產業與區域市場。可以期待的是，Appier 將在風起雲湧的 AI 世界中探索更多的可能性，也希望為台灣的軟體業與新創圈，開創一條前所未有的新路。

Q　您從博士畢業後就直接創業，過程當中遇到哪些挑戰？

A　創業從無到有，不只是研發技術與產品而已，包括財務、銷售什麼都要學，所幸在美國做研究的經驗，讓我們很習慣從無到有，尤其從史丹佛到哈佛大學之後，因為身處資源匱乏的小科系，必須打破本位主義的思維，學會跟其他科系的老師建立良好關係、廣泛與其他研究單位合作，這些經驗都提供創業很多的養分。

現在回想起來，創業之初極度缺乏產業經驗，也沒有導師，就憑著對 AI 題目的熱忱而創業，連市場研究這些必要的程序都沒有做，還好後來與客戶合作的經驗，讓我們快速修正自己；此外，核心團隊多為工程師出身，業務開發能力也不夠成熟，還好這個產業可以透過數據溝通，是證明產品與說服客戶的最

佳方式。

Q 從美國回到台灣創業，當時台灣的產業環境如何？

Ⓐ 當時的台灣軟體產業真得很辛苦，畢竟在那之前，上一個成功的跨國軟體公司——趨勢科技相隔已有 10 多年了，此後就進入真空期，根本沒有所謂的商業模式，唯一的作法就是抄襲美國的商業模式，例如看到 Groupon 成功、就在台灣複製一個團購網站。許多前輩都告訴我們，台灣軟體要走到海外根本不可能。

唯一的好處是，由於軟體人才缺乏相對應的產業，因此要招募人才還算容易，大約有 6～7 成的優秀軟體工程師都被半導體產業吸納，但他們做的未必是自己喜歡的工作，我們就有機會挖到這些頂尖的軟體科學家。

Q AI 從冷門變成顯學，產業競爭強度變大，如何維持競爭力？

Ⓐ 當今大部分的 AI 競爭對手都是新創公司，以全球規模來看，短兵相接的程度不大，大家各自有不同的擅長區塊，各有一片天。AI 產業的變化很快，幾年前大家討論 Alpha Go，現在都在講 ChatGPT，最重要的是 AI 與數據要相互搭配，我們長期累

積了大量的數據，是我們很重要的競爭優勢之一。

另一方面，人才永遠是重中之重，我們不斷延攬學界頂尖人才，例如聘請台大資訊工程學系副教授林軒田擔任首席資料科學家、清大電機工程學系助理教授孫民出任首席人工智慧科學家、台大資訊工程學系教授林守德出任首席機器學習科學家，並持續提供資源，讓台灣優秀 AI 學生參與 AI 國際交流，讓傑出教授投入 AI 學術研究，帶動台灣 AI 研究的量能。

Q 在擴張海外市場時，必須做好哪些準備？

A 目前 Appier 在 17 個城市有營業據點，全球員工約 660 人。每次要進軍一個新市場時，最重要的是建立團隊，因為初期沒有品牌知名度，加上 AI 平台必須取得資料，取得客戶信任很關鍵，接著就要讓客戶看出成效，建立新客戶案例的灘頭堡之後，後續就比較容易去擴展其他客戶。

對我們來說，複製到不同市場的學習曲線比較短，儘管不同地區的使用行為都有差異，但對 AI 來說都是一種演算法，它們會自動學習、並找出其中的脈絡。

Q 如何評估併購對象？

A 我找了一位哈佛大學的同學、也是併購專家，來帶領一個執行團隊，從策略夥伴關係的角度為出發點看產業趨勢，以及 Appier 如何在大生態系中定位自己，尋找聯盟或併購機會。我們用夥伴的角度思考這件事，而且有不同的級別，應用程式介面（API）對接是一種，銷售關係的互惠也是一種，當然也不排除更深度合作——合併成一家公司。

AI 不是成熟的產業，自己建構未必比併購便宜，但我們很清楚知道，併購目的不是尋求資本利得，是尋求綜效，因此仍會專注在本業。我們習慣用 100% 持股的方式取得主導權，因為這樣的決策效率較高，但我們也非常重視研發人才之間的合作，畢竟軟體都是人寫的，彼此的互動關係很重要。

創生觀點

用 Old School 經營 New school，
Appier 走出非典型新創之路

1. Appier 從 AI 還是冷門題目時就深耕技術，一直熬到 AI 掀起熱潮，堪稱冷飯熱炒的新創成功案例，能夠見人所未見，代表眼光獨具；能夠堅持到底、不輕言放棄，代表具有十足的韌性。

2. Appier 創業之初資源極度匱乏，甚至差點燒光資金，經歷過一段痛苦的土法煉鋼階段，但也因「吾少也賤」，能從無路可走中找出路來，因此可以甘之如飴，即便後續資金到位、營運步上軌道，也能不改其志，不亂花錢、不做好大喜功的事；相較而言，不少新創公司具備太「新創」的思維，沒有經歷過苦日子，反倒華而不實、經不起考驗。

3. 一路走來，Appier 似乎是用 Old school 的方式來經營 New school，這可能也是吸引投資人的最大亮點之一；團隊擁有高品質的工程師、紮實的技術基礎、韌性的經營文化，且一開始沒有將獲利這件事當成最重要目標，而是鎖定長遠的目標不斷衝刺，因此不會像有些公司由虧轉盈後就放慢腳步，更不會輕易摔跤。

4. 在投資併購策略上，Appier 選擇收購公司而非產品線，因為買產品總不太靠譜，買公司最為簡單明瞭；在併購過程中不僅可以取得人才，也能夠獲得新客戶，透過實務的交流、觸類旁通的激發，就有機會發揮一加一大於二的併購綜效。

第 **3** 部

新商業模式

第 **11** 章

好心肝
「好心肝」翻轉醫療產業
打造創新服務模式

「醫生是為病人存在的，要把病人當成自己的家人。」

——好心肝基金會董事長許金川

轉型關鍵

背景	升級轉型方向／方式	具體作法
健保制度降低醫療服務品質	自建醫療系統	打造「視病猶親」的醫療環境，不僅有台大醫院的優秀醫師，以及態度良好的護理人員，更從服務業招聘一流服務人才，並建立獎懲制度，提高滿意度
服務範圍有限	與各地機構合作	在台灣各地與企業、扶輪社、寺廟、地方醫療機構合作，並且招募志工，搭配專業醫療團隊，將服務與理念拓展到全台灣
國人疾病醫療需求改變	擴大服務項目	最早以防治肝病為重點，有鑒於偏鄉民眾衛教知識不足，擴大到全方位的健康照護，近年來肺癌成為國人死亡率最高的癌症，又積極推廣低劑量電腦斷層掃瞄

　　走進位於台北車站鬧區附近的好心肝一樓服務中心，彷彿走進了一家舒適的咖啡廳，裡面有吧台提供飲料、輕食，與外頭嘈雜的環境完全隔絕開來。頭頂上的鵝黃色日光燈照得人全身溫暖，讓人幾乎無法聯想，這棟大樓是以優質醫療服務讓許多病友津津樂道的好心肝診所。

　　好心肝診所的優質醫療服務為何能成為全台院所標竿？一家小診所如何透過不斷優化本業，到最後升級成為提供多元醫療的機構？從無到有，從專精的肝膽腸胃科擴及一般科別，再到提供健康管理。而且最難得的是，好心肝診所內所有醫事人員對待病人就像照顧家人一般，與一般民眾印象中冷冰冰的醫療機構迥異。

　　這一切的起點，要從全台灣第一個針對肝病防治宣導、免費幫民眾篩檢 B、C 型肝炎的肝病防治學術基金會（以下簡稱肝基會）說起。

成立肝基會免費篩檢，誓言消滅「國病」

　　28 年前，有「台灣阿肝」稱號、現職為台大醫學院內科名譽教授、肝病防治學術基金會董事長、好心肝基金會董事長的許金川，有感於台灣肝病盛行，超過 300 萬的國人是 B、C 型肝炎帶原者，而且每年都有 1 萬多人死於肝臟相關疾病，但民眾肝臟保健知識極度匱乏，許多人身患重病卻不自知，常

常檢測出來都是末期了。一直到束手無策，才跑來台大醫院求醫，他的診間每天都有人來哭、來跪，求醫生救他或他的家人。

不忍見到這樣的景象，許金川跟恩師宋瑞樓說：「我們醫生在診間等病人是沒用的，必須走出診間，推廣肝臟保健知識，還要免費幫民眾篩檢 B、C 型肝炎、做超音波檢測。」就是這樣的惻隱之心，讓他著手創立肝基會。

許金川的想法獲得宋瑞樓的大力支持，但成立基金會需要經費，當時許金川堂哥幫他回到家鄉屏東東港向親朋好友募資，兩年才募到 100 多萬元，遠不及成立基金會的 1,000 萬元門檻。當時有新聞報導中央研究院院士李遠哲成立基金會，巧合的是兩位贊助者永豐餘集團創辦人何壽川、東帝士集團創辦人陳由豪，都是許金川在台大醫院門診的患者。

「是否該向兩人募資呢？」許金川在心裡暗自想著。幾經天人交戰，他最後鼓起勇氣，發了一封電郵向兩人說明原委，兩人也表示願意各自捐出 500 萬元，幫助基金會成立。終於，肝基會於 1994 年正式誕生，許金川邀請宋瑞樓擔任董事長，基金會宗旨為肝病防治宣導及肝病研究，目標在於消滅肝病。

雖然有兩位企業家慷慨解囊，跨過成立基金會的門檻，但原始的本金不能動用，肝基會仍然需要各界的捐款才能運作下去。其中令許金川印象深刻的一筆捐款，是一位拾荒老人在廢紙堆中撿到基金會的捐款劃撥單，因為家人也受肝病之苦，他

非常認同基金會的理念，把身上僅有的 50 元捐出來，想盡棉薄之力。許金川說，台灣的社會很有愛心，像這樣的例子比比皆是，甚至還有許多人把因肝病過世親人的奠儀捐出，就是希望透過基金會幫助更多人，讓憾事不再發生。

從保肝擴大為全民健康

　　肝基會成立之初，為了快速滿足民眾需求，便成立了肝病諮詢專線，提供肝病衛教知識與防治方法，民眾趨之若鶩，一天最多曾湧入兩、三千通電話，但接電話的助理只有一個，接到手軟累倒；還曾發生一則趣事，就是刊在報紙廣告上的諮詢專線，號碼與某家證券行電話號碼相似，造成該證券行的電話也被打爆，證券行還因此打電話來基金會開罵。

　　肝基會的另一項創舉，就是全台灣巡迴免費幫民眾抽血檢驗 B、C 型肝炎。第一場於 1996 年在台大醫院舉辦，當天一早，台大醫院就被人潮圍了兩三圈，有兩、三千位民眾排隊等待抽血檢驗，讓許金川大吃一驚，才發現民眾對於肝病防治的需求確實很大。迄今肝基會已免費幫超過 70 萬人做過肝病篩檢。

　　為了服務廣大民眾，只靠一個助理接電話是遠遠不夠的，許金川從台大醫院退休人員之中，籌組了志工團隊。他和肝基會志工在全台偏鄉繞了 50 幾圈，就是要把肝病的高危險群找出來。

　　在下鄉過程中，他有感於偏鄉民眾不僅肝病知識不足，健康知識也同樣缺乏，除了肝病之外，出現心臟、腎臟或腸胃等問題的也不少，甚至因此喪失生命，需要其他相關科系協助。為了傳播正確的醫學觀念，許金川發了一個更大的願：將人生使命從「保肝」擴大為「全民健康」。於是 2006 年成立了另一個基金會「全民健康基金會」，從事肝病以外的健康宣導、全方位的健康照護，進一步為國人健康盡心力。

不捨病人求醫遭拒，立志打造「視病如親」醫院

　　儘管基金會在宣導及篩檢方面有些成效，但對許金川來說，成立集合研究、醫療功能的肝病治療中心，甚至發展為更全方位的醫療機構，是他更大的夢想。

　　為何許金川會想成立這麼與眾不同的醫院？一個小故事或許可以說明他的起心動念。當年他在台大醫院看診的時候，曾有一個 19 歲的肝腫瘤病人從南部北上，要請許金川看診，但已過了掛號時間，病人的姊姊請求加號，因接近中午休息時間，被診間護士拒絕了：「如果每個人都像你們這樣要求，我們豈不是不用吃飯休息了！」

　　無計可施之下，病人的姊姊只好趁許金川上廁所空檔求情，許金川雖答應加號看診，診間護士得知後卻十分不情願，還言辭刻薄地說：「要加號盡量加，乾脆加到死好了。」其實，

診間護士未必是心地壞，很可能也是過份勞累而情緒難以控制。

　　這個例子凸顯了台大醫院雖有好的醫師與醫療技術，但其他工作人員的服務態度與工作負擔卻不見得能跟得上。因此，許金川希望能打造一個不一樣的醫療場所，裡面不僅有台大醫院的優秀醫師，還有態度良好的護理及醫療人員，讓病人來診所時，就好像由家人、親友為自己看病，而且不以營利為目的。

　　而另一個讓許金川想走出台大醫院自辦醫療的原因，就是因為健保制度間接造成了高壓力、長工時、低品質的醫護環境。大醫院的門診動輒上百號，病人常常等了 1 ～ 2 小時，只換來 1 ～ 2 分鐘的看診；醫生更是忙到病人永遠看不完，而護理人員也經常日以繼夜地過勞工作，遑論視病猶親。所以許金川才想要創造另外一個模式，做出醫療服務該有的典範。

　　而創辦這個夢幻醫療院所的願望，終於在 2012 年成真了。

台灣人的好心，催生「好心肝」診所

　　由於成立非營利的醫療法人，資本額要 1 億元，而且看病的場所需要自有，缺錢又缺地，讓許金川很是苦惱。幸運的是，許金川太太的一位病人，無意間獲悉許金川對抗肝病的故事，雖然本身沒有肝病，但自己的家人也曾有過被醫療人員冷漠對待的遭遇，得知許金川想打造一個不一樣的醫療院所，便主動

捐贈肝基會 400 萬美元，於是「醫療法人好心肝基金會」得以成立，並有資金購置房舍。

後續社會各地愛心捐款不斷湧入，幾個月後，非營利的「好心肝門診中心」正式營運，診所裡的一磚一瓦，從地板到天花板，沙發桌椅，每一台貼有捐贈人士名字的醫療儀器，都是社會的愛心。許金川說，將診所命名為「好心肝」，就是希望提醒大家，「因為台灣人的好心，才能換回病患的好肝。」

2017 年，更進一步成立「好心肝健康管理中心」，提供全身健康檢查、全方位健康照護服務，所有設備仍由各界愛心人士捐助，同樣不以營利為目的，將盈餘所得用於救治肝病的病友。

各行各業投入前線服務，讓病人有回家的感覺

資金靠各方善心人士募集完成，招募到的醫師團隊也能認同許金川的理念，如環境允許，都願意花時間好好看病人，提升自己的醫療品質。但最大的難題就在：如何讓所有的醫事、行政人員，也能把病人當家人？

許金川認為，一定要找受過專業訓練的人，來擔任第一線的服務人員，服務的品質才能改善。他用土法煉鋼的方式，在生活中「物色」診所的服務人員，例如他曾在出國開會搭飛機時，發現該航空公司某位空姐非常適合好心肝，便極力說服她

來當診所的櫃台門面；還有曾在搭高鐵時，發現該列車長服務十分到位，也把她招募進好心肝服務。另外，更找了許多服務業界的高級主管，來幫診所員工上課；也向高鐵取經如何處理客戶投訴；診所亦設有獎懲制度，確實檢視工作人員的服務是否到位。

種種措施多管齊下，果然讓診所的滿意度大為提升，鮮少有病人抱怨。許金川強調，如果抱持把病人當成自己家人的心態，這些服務都是應該做而且理所當然的，「如果你父親來看病，超過掛號時間難道不讓他加號嗎？或者你媽媽來看肝病，她身體其他地方不舒服，難道就不檢查了嗎？」把醫療與服務都努力做到最好，正如恩師宋瑞樓一直以來的教誨：「醫生是為病人而存在，以及把病人當自己的家人。」許金川這一路走來，不僅銘記在心，更一步步將其實踐。

與寺廟、企業跨域合作，把服務推廣到全台

除了在專業的醫療領域把事情做好，肝基會也展開許多跨域合作，把服務與理念拓展到全台灣。

例如肝基會免費幫公司行號、各區扶輪社做 B、C 型肝炎篩檢，並從中招募認同基金會理念的志工，這些人就成為基金會到全台各地幫民眾篩檢肝病的生力軍。他們不僅跟著基金會回到故鄉服務，更全力號召當地民眾參加肝病篩檢活動，或者

透過捐款的方式，讓基金會更有資源幫助他們的故鄉。

主導診所轉型的推手、好心肝基金會執行長粘曉菁補充，剛開始的志工模式是北部志工帶著儀器、跟著基金會的醫師團到各地，結合當地志工幫民眾做篩檢；但隨著時間累積，走過的鄉鎮愈來愈多，志工數量與日俱增，甚至慢慢在地化，擴及當地的醫療院所。現在基金會到全台各地辦篩檢活動，許多當地醫療院所還會發動員工犧牲假日前來支援。

另外，肝基會也將觸角伸至各地寺廟，讓寺廟除了以信仰撫慰民眾心靈，也能有具體的行動照顧民眾的身體。例如 2020年 10 月，肝基會與台北市艋舺龍山寺共同舉辦「免費肝炎及肝癌大篩檢」活動，為逾 8,000 位民眾完成肝炎篩檢。

下個 10 年，讓「好心肝 2.0 模式」遍地開花

從肝基會到好心肝診所，從單打獨鬥到結合眾人愛心、社會資源，許金川以非典型的戰法，與肝病奮戰了 28 年，默默地推動他的醫療小革命，並在台灣樹立了優質醫療的典範。未來 10 年，好心肝的下一步將怎麼走？

與許金川交情甚篤的台大管理學院名譽教授、同時身兼好心肝基金會榮譽顧問的柯承恩對此表示，不管是肝基會或是到現在的好心肝診所，在肝病領域的衛教推廣與醫療已經做得很好。接下來應該開始思索，好心肝要成為更全方位的醫療機

構，或者轉型成一個更好的後台，單純把理念推廣出去，提供教育訓練等協助，讓認同理念的全台各地醫療院所，能夠有機會學習嘗試，一起推動優質的醫療服務。

粘曉菁則表示，當年肝基會因為國人肝病盛行而成立，是時勢造英雄，隨著國人罹患肝病比率減少，肝基會身為非營利組織，現在以及未來持續要做的是「政府做不到、企業不想做」中間的落差，例如成功讓抽血篩檢 B、C 肝炎進入公衛政策就是一例。再來就要讓服務更精緻化，例如加強推動「全民超了沒」的全民腹部超音波檢測，讓民眾可以早期發現肝癌，填補公衛政策未竟之處。

另一方面，基金會也將號召企業認養當地認同好心肝診所理念的醫院，例如台積電認養新竹地區、聯電認養台南地區等，每年定期投入經費，在當地推動腹部超音波篩檢等活動，讓企業以此做為投入 ESG 的切入點。粘曉菁強調，這種模式會比到各地區複製好心肝醫療體系容易很多，只要透過短時間的課程或訓練，就能把好心肝的經驗快速傳承到當地醫療院所，讓基金會的理念迅速在全台遍地開花。

對於未來 10 年的規劃，許金川語重心長地說，從肝基會到好心肝診所，自己只是一本初衷，全力貢獻醫療專業服務病人，隨著組織愈加壯大，自己卻年事已高，難免心有餘力不足。所以他認為，除了靠現有團隊持續努力，需要引進更多、更多

元的專業人才參與，秉持創會理念，集思廣益，把好心肝模式
1.0 升級到 2.0 推廣出去，他也會秉持「革命尚未成功，同志
仍須努力」的精神，與團隊堅定地繼續走下去。

Q 目前獲得的捐款是否足夠應付開支？

A 肝基會的使命是早日消滅肝病，有愈多經費，就能愈早用於
肝病預防，之後需要花費的醫療資源就會減少。目前民眾肝病
衛教還是不足，所以要推動讓腹部超音波成為新全民運動，達
成消滅肝病的最後一哩路，還有很多事要做，因此募款不能停。

Q 肝基會創造的篩檢模式，是否可用在其他地方？

A 近年台灣死於肺癌的人數已超過肝癌，成為死亡率最高的癌
症。從肝基會防治肝癌的經驗看來，肝癌診斷工具超音波的普
及化，讓民眾可以在各醫療院所、甚至偏鄉離島都接受檢查，
是降低死亡率的關鍵因素。
既然全世界公認「低劑量電腦斷層掃瞄」（LDCT）是早期診斷
肺癌最有效的工具，要減少國人肺癌死亡率，就應讓 LDCT 普及
化，如同超音波檢查肝癌一樣，不是集中在大都會醫院才有此
設備，有需要的民眾必須長途跋涉才能檢查，應該讓各診所及

健檢單位也可以購置，國人才能早期發現病徵，並及早治療。

Q　目前肝基會有哪些研發成果？

Ⓐ 肝基會的成立除了推動肝臟保健宣導外，肝病治療方法的研發與臨床研究則是另一個使命。基金會設有台大醫院研究室，有好幾位教授每周固定討論研究方向、研究進度。基金會目前有十幾個研發團隊，以肝病為出發點，從事如肝臟腫瘤 AI 研究獲得國際專利、精準醫療的癌症疫苗、與國外藥廠合作老藥新用的臨床試驗等。所有的研發目的，都是為了讓病人早日脫離肝病之苦。

Q　肝基會在全台各地設分會的狀況？

Ⓐ 除台北總會之外，肝基會目前在 4 個縣市的醫院：台大雲林分院、嘉義基督教醫院、台南市立醫院及高雄義大醫院設立分會，提供民眾肝病諮詢、篩檢、後續醫療轉介及追蹤。這些縣市是肝病人口較多的地區，基金會較容易找到著力點；但由於在其他地區找到相同理念的院所不易，醫療水準也不一，不見得都有能力操作腹部超音波的儀器，所以要拓展全台分會據點，還需要一些時間。

創生觀點 ⋯⋯⋯⋯⋯⋯⋯⋯⋯⋯⋯⋯⋯⋯⋯⋯⋯⋯⋯⋯⋯⋯⋯⋯⋯⋯⋯⋯⋯

好心肝可組教練團，幫各地打造優質醫療

1. 基金會多年來深入各地舉辦肝病篩檢、推廣衛教，成效良好，但也曾遭遇當地基層診所反彈，怕被搶走病人。未來若要持續推廣優質醫療理念，或可改變現行模式，不必事必躬親，只要扮演教練角色即可，類似華德福教育體系，針對認同基金會理念的各地區院所開辦課程，或提供專業諮詢，協助他們達到優質醫療院所水準。若醫院能因此改善醫療品質，營運又能獲利，應可吸引更多醫療院所加入，形成良性循環。

2. 目前基金會的捐款仍以個人占多數，企業捐助較少，或可加強企業捐助的比重。近年企業逐漸重視 ESG，企業支持公益的參與程度日益增加，基金會可號召當地企業以 ESG 角度切入，提供定期、持續的捐款，甚至認養當地醫療院所，協助當地建立優質醫療系統，讓自己的家人、員工和社區都能享受這個成果，助人也自助。由當地企業支持當地醫療院所推廣「好心肝醫療服務模式」，會遇到的阻力應該較小，也更容易在各地開花結果。

3. 許金川醫師具有全台的影響力，建議好心肝此刻就該擘畫未來 10 年計畫，號召倡議讓更多專業人才投入，一起推動優質醫療。可先把理念推廣到全台各地醫療院所，做出成效後，再從鄉村包圍城市，促成主流醫院開啟轉型契機。

第 12 章

微熱山丘

靠疫情練兵
微熱山丘跳脫框架的品牌升級術

「每當有危機、災難發生,也是最好的轉捩點!」

——寶田公司(微熱山丘)董事長許銘仁

轉型關鍵

背景	升級轉型方向／方式	具體作法
內需市場有限	擴展海外市場	前往新加坡、日本、上海設立據點，並推出全球果實計畫，以鳳梨加工處理保存技術為基礎，結合青森蘋果、泰國榴漣等特色水果，擴展海外市場
疫情衝擊業績	開發生活甜點	鳳梨酥伴手禮因觀光客大減而業績衰退，另成立新品牌 Smille，瞄準年輕族群，販售不同口味的水果千層派，以全球 100 家店為目標
提升品牌高度	設立觀光園區	有鑑於銷售產品的生意型態太過單一，利用籌設新工廠的同時，在南投推動觀光園區，結合景觀生態與美食文創體驗，打造微熱山丘品牌的家

　　位於民生公園一隅的微熱山丘門市，幾乎每天都門庭若市，許多民眾與國外觀光客都喜歡來這裡，找個長桌旁的位置坐下，享受「奉茶」的體驗，品嚐美味的鳳梨酥及溫熱的烏龍茶，悠閒片刻之後，也不忘帶一兩盒鳳梨酥、蘋果酥回去犒賞親友或同事。這就是微熱山丘的「待客」之道。

　　2006 年～ 2014 年，台灣土產鳳梨酥快速崛起，成為國內外觀光客必買的代表性伴手禮，成立於 2008 年的微熱山丘，也是這波熱潮中崛起的鳳梨酥品牌之一，2019 年更創下鳳梨酥年銷售 2,000 萬顆、年營收 10 億元的佳績。

　　不過，經營微熱山丘的寶田公司董事長許銘仁並不以此為滿足，在 10 多年的發展歷程中，他不斷帶領團隊升級轉型，除了擴張海外市場，研發蘋果、香蕉、榴槤製成的新產品，並從伴手禮跨足年輕人的生活甜點，更計畫在南投推動結合工廠與景觀生態、美食文化體驗的觀光園區。

以月餅突破疫情衝擊

　　許銘仁早期從事電子零件代理業務，曾任詮鼎科技董事長，後來加入大聯大控股，由於許家祖孫三代都在南投種鳳梨，鳳梨酥又與台灣鄉土有深厚的感情連結，於是就和弟弟許勝銘、叔叔藍沙鐘、堂弟藍宏仁等四人，一起創立寶田；老家的三合院祖厝位於山坡地上，印象最深刻的就是夏天微熱的氣

候及山上人情的溫度，因此便以微熱山丘做為品牌名稱。

微熱山丘見證了鳳梨酥化身金磚奇蹟的發展歷程，也經歷鳳梨酥熱潮退燒、陸客人潮萎縮的衝擊，2020 年突如其來的新冠疫情，更讓許銘仁不得不加速啟動微熱山丘的轉型大計。

「疫情爆發之後，因為邊境管制、航線中斷，瞬間少掉 2／3 生意，其中 1／3 是國外旅客帶回去的部分，另外 1／3 是台灣旅客帶出去的部分，加上台灣市場跟著萎縮，整體業績只剩 2～3 成，最可怕的是不知道這波疫情要延續多久，」許銘仁至今餘悸猶存。

面對疫情的考驗，他坦言前兩個月根本不知所措，後來回過神來，開始思索要如何存活下來，也一併考量中長期的轉型方向。他與團隊一起盤點公司資源，看看有哪些資產可以變現，計算下來每個月如果虧 1,000 萬，還可以活兩年，短期內雖不用過度擔心，但仍須擘劃中程與長程的發展計畫。

觀光客不來，伴手禮的生意大幅縮水，產線空空蕩蕩，如何在不靠觀光客的情況下逆勢突圍？許銘仁把腦筋動到中秋月餅上，2019 年微熱山丘第一次賣月餅，就銷售了 4 萬盒，成績不俗，他找來幹部開會，討論 2020 年的業績目標，幹部認為能夠跟前一年持平就算不錯了，但他認為應該訂出更積極的目標，於是以財務部門精算過損益兩平的門檻為原則，希望達到 12 萬盒的銷量。

　　訂下目標之後，團隊都覺得這是不可能的任務，許銘仁將目標分拆，由他個人、股東、幹部及門市分別認領，各自衝刺目標即可，沒想到後來賣了 16 萬盒，共創造 1 億元的業績，為此公司還額外發給員工 0.8 個月獎金。

成立生活甜點新品牌

　　雖然靠著中秋月餅順利度過難關，疫情第一年沒有賠錢，也沒有裁員減薪，但許銘仁反覆思考，「伴手禮的生意那麼脆弱，不能只靠這個，一定要有不同的型態；」他找來品牌顧問討論，從公司的核心競爭力出發，決定投入現烤現賣現吃的生活甜點，要瞄準年輕族群打造全新的 Smille 品牌與門市，販售不同口味的水果千層派，並加入以果汁為基底的飲料與冰品。

　　為了籌備這個全新品牌，公司也加速展開世代交替與傳承的工作。他從現有團隊中挑選 11 ～ 12 位員工組成任務編組，平均年齡不到 30 歲，由主管帶著年輕員工一起發想、規劃與執行，許銘仁只給明確目標與時程，其他都盡量放手給年輕員工發揮；他們的企圖心不小，一開始就以開 100 家店的思維去籌備，包括與工廠端開發模具設備、建立標準化流程等，希望未來能快速展店。

　　Smille 首家店落腳松菸，於 2023 年 11 月開幕，佔地 107 坪，其中只使用了 1 ／ 3，另外 2 ／ 3 做為公共空間，希望變成松

菸的「客廳」。除了在台灣將尋找人潮眾多的地方展店外,包括新加坡、東京等海外據點也在籌備中,擬以海運方式運送原料,取代鳳梨酥的空運方式,可以大幅節省運輸成本。

「大家都很期待這個新品牌的誕生,」許銘仁興奮地說,目前我們設定的目標,單店年營收可達 2,000 萬～ 3,000 萬元,如果有 100 家店,每年可創造 20 億～ 30 億元營收,未來有機會比微熱山丘本業的營收還高。

至此微熱山丘已從伴手禮跨入生活甜點市場。許銘仁強調,Smille 品牌走的是年輕活潑形象,跳脫原有品牌框架,客群也不一樣,雖然有微熱山丘的 DNA,品牌上也會標註「by 微熱山丘」,但不會被微熱山丘所束縛,是完整且獨立的個體,希望能走出自己的路。

在南投打造觀光園區

除了新產品與新品牌的延伸,許銘仁最大的夢想,是打造一個品牌的家!微熱山丘現有的食品工廠,位於南投的南崗工業區,屬於綜合型工業區,化工、機械、廢棄物處理等工廠都在裡頭,食品廠商進駐其中難免有些突兀。他建議南投縣政府開發一個微型工業區,納入相關的食品廠商,微熱山丘也可將散居多處的三間工廠、冷凍庫、冷藏庫、倉儲等全都集中在一起,藉此提高生產效益、並落實節能減碳。

　　雖然有建立觀光工廠的夢想，但夢想可大可小，原本不確定要做到什麼樣的規模與規格，直到有次許銘仁到清華大學演講，前工研院院長、前清大科技管理學院院長史欽泰也在現場，會後他們用餐聊天時，史欽泰聽聞這項計畫，提醒說「台灣不缺平庸的東西，依你現在的經歷與高度，一定要做出一個典範！」許銘仁立刻回覆史欽泰說：「園區開幕前我會先邀請你來，如果你不點頭、我就不開幕！」

　　為了做出典範，許銘仁一口氣買下五公頃的工業區面積，投資 20 多億元，將原本成立觀光工廠的格局，提升到打造與眾不同的觀光園區。但要達到這個目標談何容易，他找來新加坡的品牌顧問公司、美國的景觀設計公司、日本的建築師團隊，搭配台灣建築師、觀光工廠顧問、內部團隊，深入討論園區中的空間規劃與項目，就是為了創造前所未有的體驗。

　　光是這個觀光園區的名稱，大夥集思廣益想了一年半，最後才敲定為「釀青山」，取當地知名的青山茶為名。許銘仁表示，希望這裡是「醞釀台灣美好味道的一方青山」，裡頭有台灣各種的美好味道，包括人情味、台灣水果的滋味、傳統的味道、時間的味道等，希望成為國內外觀光客來到中台灣必訪的人文景點。

　　觀光園區包含智能工廠與商業空間兩部分，建蔽率僅

22%，第一期的工廠將於 2023 年底落成，第二期的商業空間則預計 2024 年底～ 2025 年初完工，更重要的是，原本工廠本身是成本中心，但打造園區後就搖身一變成為利潤中心，本身也能獲利，初期希望每年能吸引 100 萬人，光是門票收入就有 2 億～ 3 億元入帳。

「之後不僅有品牌的家，還能提升品牌的高度、視野與話題！」許銘仁強調，以前大家談到微熱山丘都是農民契作、控制原料、美味求真等，現在這些已經不再具有新意與吸引力了，未來這座觀光園區啟用後，一定能夠完全改變我們品牌的話題。

三大事業體成形

「每當有危機、災難發生，也是最好的轉捩點，」許銘仁有感而發地說，疫情給我最好的禮物，是讓我們有足夠的時間，針對公司的中長期轉型做出重大調整，現在的寶田已經不是以前的寶田了，微熱山丘、Smille 生活甜點、「釀青山」觀光園區已經並列為三大主體，雖然還要花時間醞釀，但目標方向已經很確定。

放眼未來，許銘仁為公司設定的營收規模是 30 億～ 60 億元，還有不少發展的空間，但主管與員工都已能看到那個願景，因為「心態有限，但品牌想像無限大。」事實上，他要做

的從來都不只是鳳梨酥，而是一個能承載台灣味的品牌，從鳳梨酥、生活甜點再到觀光工廠，一步步朝向「讓台灣味飄香世界」的目標邁進。

Q 身為一間家族企業，如何建立專業經理人制度？

Ⓐ 我們是標準的家族企業，但我在多年前就體認到，不能讓家族的問題限制公司的發展，萬一家族的人無法接班怎麼辦？從 2023 年 1 月開始，公司就完全專業經理人化，包括執行長與營運長都是從員工內升，只要提供清楚的戰略與舞台，其他都可以放手讓他們發揮。

另一方面，我也一直跟家族成員及下一代說，當大股東掌握公司比較容易，經營公司比較難，如果自己經營成效不上不下，還不如找專業經理人來做；前提是公司必須建立好系統與制度，這樣不用插手都可以管控得很好。我們要認清自己的角色，身為資源擁有者，目標是將資源與效益放到更大，不同階段也可以找不同的專業經理人來經營。

重點在於讓團隊對公司很有向心力，但不能只是嘴巴講講，一定要給予實質的回饋，要設計一套有效的分紅激勵獎金；我們提供盈餘的 15% 分配給員工，另外只要超過一定金額的獲利，讓團隊分享 50% 的成果，員工參與度因此截然不同，現在公司花錢，

他們也會覺得跟他們有關，如此管理起來就會更容易。

不過，我不讓員工投資入股，因為他們投資會承擔風險，例如疫情期間看到業績下滑就會擔心。我的原則是這個舞台讓你們發揮，風險由我們家族承擔，有超額獲利都是靠你們的經營能力所致，有好處大家分，做得好可以得到很多，這樣大家都會展現熱情、充滿責任感與理想性。

Q 全球果實計畫目前進展如何？

A 原本我們推動「全球果實計畫」，是希望跟當地水果結合，藉以帶動知名度與銷售，但效果不甚明顯，疫情爆發就暫時中斷。後來我們體認到，去海外擴點是事倍功半，在台灣開店則是事半功倍，因為過去都是國外客人來台灣觀光，將「台灣味」的伴手禮帶回去，這樣比較有意義，他們都是成箱成箱的買；但如果在日本開店，客人就只會買 1 盒、2 盒而已。

不過，全球果實計畫的推動，對於微熱山丘在台灣還是有增加產品力的效果，之前 10 幾年都只靠鳳梨酥單一品項，現在則從鳳梨擴展到蘋果類產品，消費者認為微熱山丘有新東西、有進步，不僅會選購新產品，也會回過頭買我們的鳳梨酥，因為舊產品已經變成經典了。

全球果實計畫當初沒有成功，不代表未來不會成功，未來仍有

機會結合 Smille 這個新品牌，透過不同的平台擴展到海外市場。

Q 從伴手禮跨足到生活甜點與觀光工廠，您認為微熱山丘有哪些核心優勢？

A 我們的核心一直是水果契種以及研發加工保存技術，新鮮水果通常只能保存 1 ～ 2 週，我們用適當的加工方法、經過低糖處理，冷藏可以放 6 個月，讓消費者嚐到時仍有接近新鮮水果的味道。

公司內部劃分為 PM、產品、工程、產線、品牌等部門，自行開發烘烤工序跟模具，發展出一套將水果融合糕點的製程、良率、上下游流程的管控心法，這是微熱山丘多年來的品牌價值與強項所在。不管是過去的全球果實計畫，或者現在的 Smille 生活甜點，我們都可以把在地化加上科技化的整套解決方案輸出海外，重新包裝不同的水果風味、製成糕點，不僅可擴展品牌版圖，還能同步開發具有海外市場特色的新產品。

Q 過去您在電子業的經驗，對後來經營微熱山丘有何幫助？

A 過去在電子業的訓練，讓我對財務的拿捏與操作有不錯的基礎觀念，做任何生意都會用得上。其次，建立清楚的制度與系統也很重要，必須開大門、走大路才能走得長遠，並有足夠的

營收與獲利能夠永續經營。現在投資觀光園區，對電子業來說這些投資金額根本微不足道，不過在現在這個產業，可以創造出截然不同的文化底蘊與體驗，是極具開創性、非常好玩的過程。

Q 市場競爭相當激烈，您認為微熱山丘能夠勝出的關鍵？

A 品牌有趣的地方，就在於拿算盤不會發生的事，在品牌都有可能發生。我從未算過老闆們最關心的市場滲透率，更堅持不打廣告、不跟旅行社合作，就是要做出品牌差異化。一般產業都是先設定成本、加上利潤訂出售價，我的邏輯不同，是以市場定位回推價位，再思考能夠滿足消費者期待、與價格相當的產品組合。

在同業中，有的瞄準來台陸客商機，有的另闢蹊徑開發蔓越莓、草莓酥等口味擴大品項，我誓言讓微熱山丘成為「來自鄉下的一流品牌」。例如我們不惜砸下 2 億元請日本建築師隈研吾（KUMA KENGO）設計位於東京表參道的日本分店，就是看準持續帶來的無形廣告效益，以及背後代表的品牌高度。

此外，我們對產品品質有極致要求，從鳳梨到雞蛋都經過嚴密品管，找不到滿意的供應商，就自己跳下去做，在 2008 ～ 2015 年間，台灣密集爆發食安事件，但微熱山丘以「吃得安心」的品質保證，走出了一條難以被複製的路。

創生觀點

老世代與新世代的完美搭配

1. 微熱山丘以鳳梨酥起家，原本只是以較為精緻化、高品質化的產品凸顯優勢，背後則是藉由契作的創新模式支撐；從鳳梨酥進入生活甜點市場後，展開了不一樣的產品、技術、客戶、市場，商業模式也有所不同，能夠大規模、大範圍快速展店，但還是與糕點食品有關；開發觀光園區之後，則是加入創新設計與品味，帶有獨特的文化價值，創建全新的商業模式與生態系，而且從成本中心的工廠，在合理的投資金額下，轉變成可長可久的利潤中心。這三者之間看似井水不犯河水，但其實都有脈絡可以串連，讓核心能力得以持續延伸與升級。

2. 微熱山丘在擴展新品牌與新事業之際，由老世代建立經營戰略目標，由新世代接手執行規劃戰術，兩者搭配恰如其份。許銘仁有遠大的夢想，但也願意帶頭給機會、給資源，把餅劃對了、劃得夠高，團隊自然就有足夠的水平與動力，不僅年輕世代的潛能得以充分發揮，還能反過來刺激老世代的創新，大家原本覺得遙不可及的目標，經過團隊努力，很快就在眼前，觸手可及。台灣企業常說人才有問題，其實沒有別的訣竅，關鍵就在如何用對人、把人用對這兩個重點而已。

第 13 章

台北醫學大學

注入新創精神
北醫大加速完成生醫產業拼圖

「我們以創新型大學為願景，將創業精神當成標竿，特別重視產業應用性。」

——前台北醫學大學校長林建煌

轉型關鍵

背景	升級轉型方向／方式	具體作法
長期虧損	向外擴展	以貸款方式取得萬芳醫院的委外經營案，建立以品質為標竿的經營主軸，第一年就達到損益兩平，重拾信心後，改革浪潮吹回北醫大附醫，營運也步入正軌，接著再取得雙和醫院的 BOT 案，進一步發揮營運規模、資源整合效益同步提升的優勢
研發成果不易產業化	引進新創育成模式	為了促進產學合作與新創育成的正向循環，積極改變制度與文化，鼓勵老師與醫師投入產業創新應用，並引進國際級課程，成立生醫加速器，至今已衍生出多家新創公司

　　生醫加速器、數據處、卓越領導學院、Biodesign 醫材創新設計……，光從這些單位與訓練課程的名稱，你可能會以為這是一家生醫領域的新創公司，其實這些都是前台北醫學大學（以下簡稱北醫大）校長林建煌所帶領的創新改革的一部份。

北醫大醫療體系歷經一甲子的歲月，早已不僅是一間大學，旗下還有四家醫院及兩座中心，最特別的是其透過控股公司及衍生新創等模式，轉投資持股的醫療生技相關公司近 30 家。北醫大從制度與文化等方面著手，並以創新型大學的定位重新出發，引入先進的企業管理思維，將豐沛的新創精神貫注其中，帶動了技術商品化、產學合作、國際接軌的風氣，正在一步一步完成北醫大醫療生態系統的重要拼圖。

經營萬芳醫院重拾信心

位於台北信義區的北醫大，現在是許多市民眼中的貴族醫院，但早期因為市區軸心尚未東移，地理位置較為偏遠，且經濟規模也不足，一直陷入財務赤字的泥沼中難以掙脫，1977 年與 1991 年董事會還曾兩度遭教育部勒令解散，經歷過一段不短的黯淡歲月。

「北醫大附設醫院曾因經費不足，興建工程延宕三次，早期我參與校務會議時，討論的都是如何減少赤字」，林建煌透露。

1996 年是北醫大非常關鍵的轉折年，當時董事會做出一個重大決定，以貸款方式取得台北市立萬芳醫院的委外經營案，建立以品質為標竿的經營主軸，結果萬芳醫院在 1997 年正式營運，第一年就達到損益兩平，相較於一般醫院至少要花

3 ～ 5 年，是相當驚人的成績，2012 年更升級為醫學中心。

「當時的北醫大沒有退路，不走出去就是死水一攤」！林
建煌這麼形容，現在證明當時董事會的決定非常前瞻且睿智，
也從此改寫了北醫大的命運。

萬芳醫院經營成功，讓北醫上上下下都相當振奮，也重新
找回內部的自信心，於是改革的浪潮從萬芳醫院吹回到北醫大
附醫，開始借鏡萬芳醫院重視品質管理的成功經驗，讓北醫大
附醫的營運也逐步走上軌道，接著北醫大又順利取得由衛生署
（現為衛福部）委託民間 BOT 興建經營的雙和醫院，在營運
規模、資源整合效益同步擴大的情況下，北醫大更開始尋求拓
展新的版圖。

以創新型大學重新定位

林建煌在 2017 年 8 月接任北醫大校長，提出北醫大十年
願景發展白皮書，立志將北醫大打造成國際一流醫學大學，善
用多家附屬醫院的優勢，定位為「以醫學教育為本，生醫臨床
為用」的研究型大學，涵蓋教育、研究、產學、國際化、行政、
醫療等重點策略。

「北醫大所謂的研究型大學應該是研究型大學 2.0，更像
是創新型大學」。林建煌解釋，過去大學的研究比較關注研究
論文的質與量，但北醫大是以史丹福大學的創業精神為標竿，

聚焦於轉譯醫學、神經醫學、精準健康、智慧醫療等領域，且特別著重在產業應用性。

事實上，早在 10 年前，北醫大就鎖定轉譯醫學為發展重心，師法國外知名大學的作法，籌設北醫大實證醫學研究中心，透過基礎醫學研究成果與臨床應用之跨領域銜接，加上臨床與基礎雙向驗證，找到與疾病相關的生物標記或新藥產品，以適當的方法與平台技術應用於新的診斷與治療方法。

北醫大旗下的台北癌症中心，同樣以轉譯研究為核心，是台灣第一家結合國內外腫瘤研究與臨床治療專業的國際級癌症中心，其結合分子病理、癌症轉譯等專家團隊，運用精準療法和多項基因檢測服務，採行現有療法與新開發的治療計畫，為晚期或難治療的癌症患者提供先進且個人化的有效療法。

不管是佈局多時的轉譯醫學、精準醫療，或者是近幾年推動的智慧醫療、巨量醫療等創新服務，都為北醫大鋪設了一條更為實證取向、兼顧基礎研究與臨床實踐的路，讓北醫大在發展出獨特的實證知識轉譯特色之外，也與產業發展的主流趨勢亦步亦趨。

「學校最核心的工作是教育，但必須要有人力、財力等資源來支持，因此發展產業是必然要走的路」。林建煌強調，北醫大除了醫療服務以外，也開始強化生醫與長照這兩大領域的佈局，其中在生醫產業已經深耕 20 年，打下不錯的基礎建設，

至於長照服務方面，也標到台北市內湖行愛社會住宅附屬長照機構的 BOT 委外經營案。

從制度著手改變文化

激發行動力，必須從改變制度與組織文化著手。早在 20 年前，北醫大就一改過去年終獎金齊頭式的平等，在保障原有年終獎金的情況下，另外設立論文獎、研究計畫獎等研究獎勵制度，藉以鼓勵老師與研究人員產出好的研究成果；同時也仿效美國作法，引進合理化、透明化的獎勵制度，提高分配給老師的技轉金，從 40% 大幅提高到 70 ～ 85%。

為了加速研發成果商品化、產業化的腳步，林建煌上任後進一步祭出多種措施，促成產學合作與新創育成的正向循環。相較於過去的技轉模式，他更鼓勵採用衍生新創的模式，「讓技術發明者能與經營團隊共同合作、創造價值，而不是一次賣斷就獲利了結，如此對台灣社會與經濟就能產生更大的影響力」。

以傳統思維來說，老師的本分在教學，臨床醫師的本分在醫療服務，對投入產業應用的興趣不高。為了提高老師與醫師參與醫療創新（medical innovations）的意願，北醫大修正升等與敘薪制度，引進「教師升等產業化」的設計，過去研究項目只列入計畫、論文類，現在則修正為只要獲得專利、技轉、創

業，都能成為升等要素，且都計算到薪資結構中，佔比更從 5%
提高到 15%。

另一方面，如果研發團隊成立新創公司，團隊也能透過持
股或擔任董監事，持續獲得新創收益；技術發明者如果參與公
司營運，前兩年也不用辦理借調，等於是敞開北醫大優秀師資
通往產業的大門。

塑造創新環境與文化

除了建立制度，塑造創新環境與文化也相當重要，為了讓
大家動起來，林建煌還有一個放大絕——引進校外一流的進修
課程。

他邀請前台大 EMBA 執行長李吉仁，為北醫大開設卓越
領導學院，將 EMBA 兩年半的課程濃縮成半年，每次遴選體系
內 40 位優秀領導者及高階主管為學員，強化跨領域思維、策
略性思考、願景領導、創新能力、問題解決、危機處理等能力；
期末報告是以共同完成實務專案為目標，由學校加上三個醫院
各一位組成一組，促進跨機構、跨領域間的學員交流，由校長
從校務發展有關的內容出題，讓學員討論解方。

另一方面，他也選送北醫大潛力人才前往史丹福大學參加
Biodesign 醫療創新設計方法學程的全球國際導師訓練課程，
2021 年北醫大更與史丹福大學簽約，在北醫大體系內導入

Stanford Biodesign 醫材創新訓練課程，包括創新創意微學程、生醫創新設計工作坊、生醫醫材創新開發競賽等活動，都讓人感受到源源不絕的創新活水。

推動新創當然少不了加速器。北醫大與比翼資本攜手成立生醫加速器，是台灣首個由醫學大學成立的國際級加速器，聚焦於數位醫療、人工智慧、醫療器材三大領域，累計已輔導超過 30 個團隊，包括法國團隊 RDS、台灣團隊神經元、牙醫通，皆陸續完成百萬美元以上的國際資金募資成績。

十年內要成立 50 家新創

根據北醫大事業發展處統計，截至 2021 年 7 月為止，北醫大衍生新創累計已有 20 家，實收資本額逾 13.8 億元，北醫大持股事業共 29 家，促成逾 400 家國內外企業合作，累積產學合作與技轉金額超過 28 億元。

在北醫大轉投資的事業當中，三鼎生物科技已於 2020 年底在興櫃掛牌，是一家專注於 3D 生物列印的公司，以生產客製化自體細胞醫材產品為目標；另外像是子宮內膜癌篩檢輔助的酷氏基因、用藥安全系統的醫守科技、負責長照的北醫大管理顧問、藥品通路的綠杏事業、口腔醫療數位化的拇山菁英，也都在各自領域站穩腳步。

「我在北醫大 10 年願景發展白皮書中列出 4 項具體目標，其中一項就是要在 10 年內成立 50 家衍生新創公司，並推動 3

家公司上市」，林建煌雄心壯志地說。

打造生醫生態系統

當許多私校還在討論少子化導致招生不足、學雜費漲幅等問題時，北醫大靠著自己深耕多時的產業化平台，注入新創精神，加上企業經營的思維及執行力，翻轉原本的劣勢，開創前所未見的新氣象。

對北醫大來說，每一塊拼圖都是不可或缺的力量。林建煌表示，我們投入在雙和醫院 BOT 案的投資金額很大，不含儀器與人員，光是硬體建設就花了超過 100 億元，「因為雙和生醫園區將是我們相當重要的一塊拼圖！」

目前雙和醫院的第 3 期建設正在興建中，未來將成為醫學大學、醫學中心、生醫產業三位一體的創新生醫園區，除了會有 5 個學院遷入以外，並將與產業界共同設立研發中心，北醫大生醫加速器也會進駐其中；後續如能結合北醫大的生技研發成果、雙和醫院的醫療資源及臨床試驗量能，以及國內外的新創團隊，可望大幅提昇教學、研究、醫療、服務及產學合作的能量，成為台灣生技醫療產業的重要新地標。

林建煌期許，北醫大能夠成為永續經營的生醫生態系統（ecosystem），醫療服務站穩大台北與桃園地區，且成為高等教育發展的成功典範，證明私立大學也能走出自己的一片天地。

Q 相較於台灣其他的私立醫學大學體系，總院與分院之間都有母雞帶小雞的關係，北醫大各體系之間如何管理？

A 北醫大旗下的北醫附醫、萬芳醫院、雙和醫院的規模相去不遠，各醫院之間如何協力、大學與醫院之間如何合作都是學問，所幸董事會設計了清楚的「頂層結構」，建立出一套完善的管理架構與準則，董事會將指揮權賦予校長，將北醫大當成一個體系看待，學校是母公司，下轄四個附屬醫院，另有以北醫大為基地的台北癌症中心、雙和醫院為基地的台北神經醫學中心。

此外，董事會也明確建立一套準則，所有重大事項都是在董事會討論決定，各董事不能私下跟校長要資料或協調特定事情，不然我會有 15 個老闆，不知要聽誰的。

Q 大學與醫療體系的管理與一般企業截然不同，您如何帶領北醫大進行組織變革？

A 我自己畢業於台大 EMBA，相關訓練讓我學習到，組織變革的核心要務要讓大家不僅「願意」改變、更要「擁抱」改變。我很認同願景領導的模式，從建立願景（Vision）、對焦行動（Alignment）到激發改變（Motivation），就像是傳教士一樣，要讓組織上下都很清楚我們要往哪裡走。

Q 北醫大率大學院校風氣之先，成立數據處，各研發單位之間如何協力合作？

A 北醫大的研發單位有研究發展處、事業發展處、人體研究處、資訊處、數據處，每個都有不同的功能與任務。舉例來說，事業發展處負責產業鏈結、技轉、商品化規劃、北醫大國際生技等業務；人體研究處負責人體研究審查、臨床試驗、資訊安全管理、人體生物資料庫等。

2019 年底我們設置了數據處這個一級單位，由數據長統籌數據管理及整合分析等工作。過去資訊處的工作比較偏向於硬體與系統，無暇涉及數據治理，因此另外設立數據處，負責打理健保資料、臨床數據、生物資訊、教育數據等。

其中臨床數據中心就是將各服務單位的數據，在符合合法性及去識別化的前提下，轉化成結構化的可研究資料，包括病歷、醫學影像、病理報告等臨床資料；而生物資訊中心則是結合臨床資料與多體學（Omics）大數據，提升資料深度與廣度，朝向精準醫療發展。

數據處還組成了由 10 多位各系所專家老師組成的數據科學家團隊，涵蓋人工智慧、機器學習、自然語言、資料庫分析、生物統計、流行病學、生物資訊、基因分析等專長，提供研究計畫、臨床試驗、產學合作等方面的數據分析服務，成為學校師生及醫院研究人員的最強後盾。

不做被供養的喇嘛，要當會化緣的和尚

1. 公立大學與私立大學的資源天差地遠，但資源多寡並非決定競爭力的唯一因素，台北醫學大學就是個很好的例證。誠如前台北醫學大學校長林建煌所言，「辛苦的小孩比較會打拼」，因為先天環境不好，為了求生存反而會激發更多鬥志與毅力，勇敢搶下萬芳醫院和雙和醫院的經營權，把負債當成資產，從外而內重建北醫的信心，反倒改寫了北醫的歷史。

2. 有人會用「被供養的喇嘛」及「會化緣的和尚」來形容公立大學與私立大學，其實私校的靈活度、創新性、前瞻性可能都比公校更好，如果能像北醫大這樣善用企業經營思維，靠著產學合作及衍生新創開拓財源，遲早會練出一身好功夫，並闖下一片新天地。

第 14 章

神基控股

不當六哥要當老大
黃明漢帶領神基轉型突圍的成功心法

「只要員工有心、有意願,大部分的事情都是可以完成的任務!」

——神基控股董事長黃明漢

轉型關鍵

背景	升級轉型方向／方式	具體作法
產業低價競爭	開發差異化產品及服務	放棄原本量產型筆電代工生意，改以 Getac 品牌瞄準 B2B 市場，開發高度客製化、整合 GPS 等新技術的可攜式強固型工業電腦，並建立服務導向的商業模式
欲強化新事業經營績效	成立投資控股公司	神基除了經營 Getac 品牌之外，戰線也延伸到綜合機構件、汽車零件、航太扣件、機電與能源等新事業，為了進一步發揮不同事業體的戰力，改以投資控股型態，讓五大事業分進合擊

　　從美國軍方、歐洲車廠、全球各大製造業、運輸業、醫療機構，都看得到神基 Getac 品牌的產品，現在的神基不僅穩居全球前兩大攜帶式強固型工業電腦品牌，並擴及綜合機構件、汽車零件、航太扣件等領域。

　　在過去 10 多年間，神基曾歷經兩次重大的轉型，重新打下現有的江山。第一次在 2007 年毅然捨棄營收 300 多億元的

筆記型電腦代工生意，轉戰自有品牌的強固型電腦；第二次在
2021 年成立投資控股公司，將原本的事業群各自獨立成公司。
這兩波轉型的關鍵推手——神基投控董事長黃明漢，究竟如何
掌握趨勢、勇敢砍掉重練？轉型過程又曾歷經過哪些內外部的
重大挑戰？

砍掉重練，改走差異化路線

　　神基隸屬於聯華神通集團，由神通電腦與美國奇異航太部
門於 1989 年合資成立，在 2,000 年代中期以前以筆電代工業
務為主，2005 年營收曾創下 383.8 億元的歷史新高，穩居台灣
筆電代工六哥；但時任總經理的黃明漢，不甘於只是殺價競爭、
無法發揮應有價值，斷然選擇自斷手腳、跨出舒適圈，帶領公
司展開大刀闊斧的轉型。

　　黃明漢表示，經營公司一定要知道自己的核心競爭力，一
般來說不外乎「成本」與「差異化」這兩大類。台灣企業大多
數走「成本導向」這條路，想盡辦法讓成本比別人低，再透過
殺價把量拱大、擴大經濟規模，然後量產愈多、殺價也愈多，
對供應商付款期限拉長後，就有更多現金在手上運用，並依循
這種方法繼續走下去。

　　第二條路則是採取「差異化」，例如針對不同客戶打造客
製化產品，或者透過服務導向、技術導向，藉此增加客戶的黏

著度。神基在轉型後就是選擇這條差異化的道路。

黃明漢表示，所謂的核心競爭力，是指公司產品、團隊、特有技能或文化，存在於企業團體之內，不會因為一個人離職、產品線的生或死而消失，核心競爭力不會瞬間翻倍，但也不會因為一些變異而快速消減。「我們可以做到筆電六哥，代表我們至少還有一些不錯的核心競爭力！」他如此激勵員工，也就此摸索神基的下一條路。

發揮技術優勢，切入利基應用

黃明漢自知公司掌握一些技術優勢，但究竟要切入何種差異化市場呢？當時他發現，汽車師傅過去靠經驗維修，但 2,000 年之後開始出現數位化診斷，用來診斷的 NB、PDA 扮演重要角色；不僅是車廠，像是電力公司、水管公司等需要到現場維修服務的行業，也需要仰賴這些裝置，但一般消費型裝置不夠耐用、容易壞掉；有時服務人員開車到 300 公里以外的現場，卻遇到電腦當機的窘境，嚴重影響服務能量，同時降低客戶滿意度。

另一方面，當時全球衛星定位系統（GSP）技術興起，加上高亮度 LCD 螢幕出現，也讓他嗅到新商機。黃明漢決定瞄準 B2B 市場、尤其是需要到現場維修的行業，打造客製化的強固型工業電腦，並將 GPS、高亮度 LCD 等新技術綑綁起來，

以整體解決方案的形式提供給客戶。

「我們不是最便宜，但可以解決痛點！」他強調。當時主要競爭對手包括松下（Panasonic）、通用動力 （General Dynamics）及 Itronix，他們共同的問題是採取代工模式，除了松下掌握很強的技術之外，其他都以銷售為主，技術比台灣公司差了一截。黃明漢評估，神基是一家具有技術能力的公司，如果能把新技術綑綁起來，再以自有品牌的方式在市場銷售，就有機會變成一哥。

啟動轉型三步驟，逐漸站穩腳步

神基為了追趕松下，決定在短時間內建立跟松下一樣龐大的產品線，投入大量資源同時啟動4～5個計畫，結果其中2～3個成功、並有實際訂單可以銷售，即便數量還不大，但仍順利跨出第一步，在市場上站穩腳步。

神基轉型的第二步，是自行開發零組件，但這是因應環境壓力不得不的選擇。黃明漢說，因為採購的零組件量太少，供應商瞧不起我們，我們才決定自己開發，相較於競爭對手都是外購，神基因掌握零組件，具備更佳的客製化能力，而且可以不斷堆疊、提高價值，後來也成為我們另一項重要的核心競爭力。

他感嘆地說，台灣科技業的技術跨行人才很少，多數工程師都是死守一塊，如果是做印刷電路板（PCB）就不會做電池、

LCD 顯示器或電源轉換器，但其實什麼東西都能學，可以從無到有慢慢把能力建立起來，之後就會多擁有一項技能。「經驗告訴我們，除了要蓋台積電晶圓廠以外，其他事情只要員工有心、有意願，大部分都是可以完成的任務！」

突破了產品線與零組件這兩大關卡，接下來就是銷售的環節。神基為了推展 Getac 品牌，所有人從基本的 4P 行銷原理學起，開始在海外設立銷售辦公室，也到世界各地參展，至今海外銷售團隊已成長到 200 ～ 300 人。

黃明漢表示，從全球化到在地化非常重要，我們堅持聘僱在地員工，才能用當地語言與當地人溝通，從 B2B 的系統建構、定義到業務建置，都投入許多心思，所幸企業文化已建立完成，業務、產品經理、研發團隊都很投入，因此能夠克服文化衝突等挑戰。

從代工到品牌，黃明漢發現銷售的本質有著翻天覆地的改變。他認為，做代工的超級銷售根本不算什麼，充其量只是當國際採購部門（IPO）的助理，將 BOM 成本顧好就行；做 B2B 品牌的銷售則截然不同，要拜訪客戶敲門多次都還不得其門而入，「畢竟對大企業的採購來說，成本降個 100 元對公司毫無感覺，但如果貿然更換供應商，品質或交期沒顧好的話，他可能因此砸了飯碗。」

從 BOM 到 TCO，建立服務有價思維

　　本身是工程師出身的黃明漢表示，他看到台灣工程師很勤奮、很有天分，也樂意發揮自己能力，但是在以代工為主的台灣廠商中，多數工程師並不知道自己所做的產品，在市場上有何反應。因此在轉型初期，他最重要的任務之一就是跟員工溝通，讓員工知道自己開發的東西很棒、對終端消費者有很大幫助。

　　黃明漢說，過去在代工時代，有一半時間都在海外拜訪客戶，大部分客戶都很尊重技術出身的總經理直接來談合作訂單，但只要一談到價格時又變成成本導向。價格固然很重要、一定要有競爭力，但「原物料成本」（BOM Cost）與「總體擁有成本」（Total Cost Ownership，TCO）的概念截然不同。神基轉型經營品牌後，他與客戶談訂單時，首要之務就是讓客戶把成本概念轉到「總體擁有成本」上。

　　他舉例說，神基幫軍方或車廠開發產品，研發時間 3 年、產品生命週期 6 年，加起來 9 年，甚至在產品停產後還要陪它走一段路；對客戶來說，供應商必須有長期合作的承諾，包括取得最新技術、快速交貨、快速維修等，否則客戶將付出不小的代價。

　　過去工程團隊認為，機器壞了頂多就是拿回來修理，沒有必要提供更多零件備品到客戶端，但機器收回來即便只是換個

電池等無關緊要的東西，費用至少都要 300 美元起跳，而且在保固期內根本不能跟客戶收費，對公司來說無疑是一筆沈重的負擔。為了讓團隊對「總體擁有成本」有正確概念，黃明漢乾脆將數據整理出來，把「總體擁有成本」算清楚，讓員工能有完整且正確的成本觀念。

「資本主義世界凡事都要錢，只有你覺得沒有價值的東西才不收錢！」黃明漢深知這個道理，因此打造服務導向的商業模式，一方面強化產品品質、降低故障率，一方面增加零件備件到客戶端、提供快速維修，客戶可向終端用戶收取每年 20 ～ 30 美元的維修保固費用，「如果故障率能降到一個比例以下，這絕對是一門可以賺錢的生意！」

改造企業文化，強化數字管理

轉型不只要靠正確的市場策略與系統建構，也有賴企業文化的形塑與調整。黃明漢相當看重企業文化這一環，因此他積極推廣說實話、不逃避困難、數字管理等三大原則。他要求員工不要說謊，遇到任何問題都開誠布公，不可隱瞞或逃避，即便是跟董事長溝通時也是一樣，「就算可能惹怒我，也要考驗我能否把憤怒忍耐下來，轉換成公司前進的動力！」

另一個重點是數字管理，即便員工跟主管都說自己有數字觀念，但其實他們通常只有拼圖一角、缺乏完整面向，因此他

積極教導工廠要有維修成本的觀念，與其搶快出貨、導致故障率提高，寧願請業務跟客戶溝通延後一兩天出貨。此外，他也要求一定層級以上的主管熟讀損益表，包括每月花費多少、從哪裡可以賺錢等，「必須與損益表發生感情，才能真正瞭解裡頭的意義」。

黃明漢強調，轉型成功的重要關鍵，就是建立良好的企業文化，讓員工體認到自己的價值。假設有 500 位員工，就有 500 雙眼睛推著自己走，但如果沒能建立良好的企業文化，員工只會隱惡揚善，主管只聽好聽的話，遇到困難就叫員工自己解決，最終只有總經理自己一個人在推動。

神基每月、每季都會舉行座談會，藉以凝聚員工的共同觀念，且盡量將相關指標量化，多鼓勵員工的出色表現。黃明漢強調，要讓員工瞭解所做的事情是被認可的，能夠在同學或同業面前覺得驕傲，其次要建立同仁的安全感。「只要持續發揮自己的價值與核心競爭力，如此持之以恆、按表操課，就有機會揚名立萬！」

延伸產品戰線，掌握行業趨勢

對黃明漢來說，神基轉型成功最有意義的部分，是透過附加價值的設計製造產生很多綜效。他坦言，過去做筆電代工時，都是英特爾與微軟幫我們規劃好產品線，甚至連機殼都規

範好了；但每家台灣廠商的 BOM 成本都相去不遠，他深覺這種模式毫無獨特價值可言。「企業領導人要讓員工體認到自己的價值，因此我選擇走另一條路！」

神基在站穩強固型電腦市場後，近幾年更將戰線延伸到綜合機構件、汽車零件及航太扣件等新事業，產品線也日趨多元化。目前電子產品約佔 40 ～ 50% 營收，綜合機構件約佔 30 ～ 40%，汽車零件則佔 10%。

黃明漢指出，這些新事業都可視為強固型電腦核心技術的延伸，雖然其他事業都是以代工產品為主，但仍以技術研發為核心，我們要證明做代工也能展現價值，並且幫助到技術轉型與投資。

他強調，神基要與客戶走長遠的路，就要掌握行業的大趨勢，清楚知道未來 5 ～ 10 年客戶要做什麼。事實上，過去 10 ～ 20 年，一直出現新的趨勢，像是 GPS、3G 的興起、LCD 畫質增加、處理器效能與影像功能的提升等，賦予我們開發的產品更多附加價值，例如可以拍照、拍視頻，規劃巡檢路線、蒐集資料、無線傳輸數據等。

而神基為了展現技術創新能力，也不斷透過技術展示會、線上展覽會、論壇、活動等方式，強調自己是技術領先的公司。「現在神基已經橫跨汽車、塑膠、電子模組、品牌等不同領域，又有許多海外業務會分享最新的市場情報，大家都更能掌握

產業的大趨勢，當研發團隊發現正在開發的是最先進、令人興奮、且具有商機的新技術，就會更認可自己的價值！」黃明漢興奮地說。

成立投資控股，五大事業分進合擊

神基在 2021 年 10 月正式轉型為投資控股公司，並以神基數位科技（強固型事業群）、漢通科技（機電與能源事業群）、豐達科技（航太機構件）、漢達精密（塑膠機構事業群）、吉達克精密金屬（汽車事業群）五大事業體分別運作，也讓神基邁入全新時代。

黃明漢解釋，神基之所以轉型為投控，是因為發現數位轉型的基礎建設日益成熟，加上元宇宙的浪潮席捲而至，如果將汽車零件、綜合機構件、電子模組、品牌這些類型不同的事業，放在同一個架構下運作，恐怕沒法各自發揮得很好，畢竟沒有那麼厲害的資訊科技（IT）人員，能夠作出一套放諸四海而皆準的管理系統。「如果企業要經營得更有效率、更有彈性、更有附加價值、更有競爭力道，最好能夠切割並各自發揮，只要任督二脈能夠打通，就可帶動效率的提升與費用的縮減。」

儘管神基成立投控以來，不少事情還在摸索當中，但黃明漢樂見高階主管愈來愈成熟，組織升遷流動更多，不會擋住下面的年輕人，顯示組織重整已經展現初步成效。他坦言，過去

大家都是抱持「靠著大樹好乘涼」的想法，但現在四位總經理各有各的位置，自己承擔責任、肩負成敗，每個決策都是成長的過程。例如要推動數位轉型時，可以自行評估能負擔多少費用，再決定投入的時程與程度，而先推動的人一定會學到最多東西，如果成功了也能讓其他事業體參考仿效。

放眼未來，黃明漢認為神基仍有一些門檻要跨過。首先是再強化技術創新的能力，尤其是現在應用的步調愈來愈快，如何將創新技術快速轉化成產品就是一大考驗。

他以聊天機器人 ChatGPT 為例，已對 Google 搜尋引擎產生很大威脅，類似這樣的尖端技術，勢必對整個產業生態造成衝擊，如何用對的方式研究、善用它，並且創造出商機，就需要有高度商業嗅覺的技術人才，且重點在於應用而非發明。

其次，如果要進一步提升公司的獲利率，必須借重訂閱制的商業模式，打造平台即服務（Paas）、軟體即服務（Saas）的架構，「對台灣公司來說，這類技術創新的確很有難度，但這是未來趨勢，也是神基必須要走的路。」

Q 神基成立投控之後，目前運作架構為何？如何整合集團資源？

A 目前神基投控有 30 多個員工，本身沒有產品，但扮演 IP 服務、財務調度、公共關係、投資人關係等功能。在投控的架構

下，投資併購或策略聯盟會比較容易，且可運用的工具較多，未來一定會善用更多的外部資源，但關鍵在於我們要走什麼區隔、未來經營要建立哪些核心競爭力，才知道要找哪些投資布局標的，而不是滿地找石頭。

子公司由四位總經理各自獨立營運，未來能夠首次公開發行（IPO）就 IPO，只要公司成長、領導人就有機會冒出頭來。相較於部分投控公司，神基旗下子公司做的產品都不一樣，比較不會有彼此競業問題，只有集團資源分配的問題，遇到資源分配的問題就用錢來算。但天下沒有白吃的午餐，控股公司是獨立公司，必須自負盈虧，而各子公司彼此之間採購交易都是親兄弟明算帳，如果子公司價格缺乏競爭力，也可找外部的其他供應商。

Q 您如何決定並帶領神基的發展方向？

A 我經常胡思亂想，看到趨勢之後，就從用途去想，看看可以先著手做什麼，自己做不了就去投資。事實上，商機不會在媒體報導上看到，領導人應該要學習預測，而且敢分享給同仁。我們有不同領域的員工，又有許多海外業務會分享最新情報，因此可開展出很多雷達，我就盡量保持跟他們速度一致。

領導者很重要的角色是商業嗅覺，而且會講故事給大家聽，在

知道企業、產業的大趨勢後,也要懂得篩選客戶,決定哪些該
做、哪些不該做。另一方面,大部分業界的總經理都只關注產
品,不懂損益表,好的領導者一定要跟財務報表發生感情,並
將財務報表跟標準作業程序(SOP)結合在一起,長期以往才
能抓到那種感覺。

Q 近期看到哪些重要的產業趨勢?

A 很多企業都在投入元宇宙,但各自定義不同。我心目中的
元宇宙必須具備三個條件:第一是 3D 即時繪算的能力,如此
才能有實景及背景,產生真實感;第二是數據可以共用的網路
世界;第三是產生的數據必須有連續性,而不是像現有遊戲中
的場景每天進去都一樣。例如我在元宇宙世界砍了一個樹,3
年後就會發現它長了青苔、松鼠在裡頭作窩,這才是真實的宇
宙,不會重置後又要重新再來。

在這樣的趨勢下,元宇宙就會衍生出許多需求,例如需要台積
電先進製程生產 3D 即時繪算晶片、需要更多硬碟及儲存空間
等。

另一個重要趨勢是數位轉型。數位轉型的殺手級應用,包括
5G、硬體機械手臂、機器人流程自動化(RPA)、商業智慧
(BI)、人工智慧(AI),其中以 AI 最為重要,但 AI 的數據

包含很多類型，像是知識型、分析型、預測型、引導型等，例如企業資源規劃（ERP）的數據，如果能夠透過 AI 轉化成有用的決策參考，就是知識型的 AI。這幾年許多大企業都在投入數位轉型，疊加了更多新技術上去，也讓我們的投資布局有更清楚標的。

Q 神基在 2017 年曾投資 WHP Workflow Solutions 公司，相關效益如何？

A 神基先前看中 WHP 有訂閱制軟體的商業模式，因此投資這家美國公司，但併購之後發現，要經營它很困難，一方面是製造業與軟體業的思維截然不同，不僅觀點不同、財報不同、費用支出跟攤提也差很多，另一方面因為它是美國公司，英文、文化也是大門檻，因此造成很大的文化衝擊。

寧做有價值的米其林，不當拼價格的麥當勞

1. 神基在 2007 年砍掉重練，在台灣企業中是極為罕見的個案，它不甘於只在筆電代工市場當六哥，想在自己選擇的山林中當霸王。相較於多數企業都只有被動拼成本這一招，神基主動走上一條大步升級轉型的路，從改變產品、文化、調整核心競爭力做起，搭配品牌經營、自製零件、提高附加價值、提供解決方案等配套，實現了獨特價值與成就感，團隊也因此脫胎換骨。

2. 神基投控董事長黃明漢骨子裡有種不安於室的血液，不滿足於現狀，一直往前探索，因此能夠開枝散葉、進入許多新領域。現在轉型為投控之後，包括併購、策略聯盟的架構與工具都已齊備，但在資金、人才、文化等方面仍應超前部署，因應未來軟硬整合的大趨勢，準備好下一階段的突破躍進。

第 **15** 章

秀傳醫院

小地方，大夢想
秀傳醫院雙腳並用拼轉骨

「我希望秀傳能夠掌握自己的命運，在 20 年後脫胎換骨！」

—— 秀傳醫療體系中部地區總院長、
秀傳亞洲遠距微創手術中心院長黃士維

轉型關鍵

背景	升級轉型方向／方式	具體作法
欲擴展營收成長動能	建立生態系	成立亞洲遠距微創手術中心，每年培訓國內外微創醫師 2,000 名，建立醫師社群，並做為國內醫療器材的國際展示場
欲推動醫療科技新創發展	投資新創	成立「比翼秀傳聯合創投基金」，鏈結秀傳亞洲遠距微創手術中心的國際醫師社群，培育新創團隊，逐步建立「醫院—創投—新創生態系」
欲突破國內醫療市場困境	擴展新市場	積極投入新南向，與越南多家醫院與大學簽訂合作備忘錄，推動醫療技術合作、人才培訓及國際交流，將優質醫療技術與經驗輸出到東南亞國家

　　近年，健康醫療領域深受新創投資人的青睞，而近 10 年所成立的新創企業，更是健康醫療早期投資的主力，除了藥品之外，對於數位醫療與醫療器材的投資正快速成長。然而，過

去活躍於醫療領域的投資者，向來都是企業、大型製藥集團與國發基金，而由醫院主動出擊成立創投基金的，秀傳醫療體系還是第一個！

2019 年底，為驅動醫院的醫療創新，秀傳醫療體系與醫療科技創投比翼資本共同成立「比翼秀傳聯合創投基金」，要鏈結秀傳亞洲遠距微創手術中心（IRCAD Taiwan）的國際醫師社群，培育新創團隊，藉此縮短醫材新創開發創新產品的時程，透過跨領域結合，強化台灣生醫產業的研發能量。

秀傳醫院成立創投，不僅只是放眼投資上的報酬，更是希望透過創投團隊偵測（Scouting）最新技術、為醫院帶來轉型的機會。

秀傳醫院二代經營者、秀傳亞洲遠距微創中心院長黃士維強調，目前秀傳的營收仍有 80% 來自健保補助，而成立創投基金，則是秀傳分散風險、開創新成長動能的嘗試，更是建立起「醫院—創投—新創生態系」的關鍵一步。

放眼亞洲培訓微創醫師

走進秀傳亞洲遠距微創手術中心，映入眼簾的，是具備環狀設計的 20 個手術台實驗室，以及最先進的遠距視聽會議設備。遠距微創手術中心網羅了全球 800 多位專家學者授課，每年培訓約 2,000 名外科醫師，其中約有一半來自海外。至今，

該中心已訓練出 1 萬多名醫師。

微創中心不只引進世界級名醫學者授課,更是台灣醫療器材的國際展示場。秀傳醫院在設計課程時,積極使用台灣製造的醫材,讓來自海外的受訓醫師們能夠認識、習慣使用台灣產品。

目前秀傳亞洲遠距微創手術中心的年營收約為 8,000 萬元,市場滲透率近 3 成,「我們的目標,是透過教育中心訓練亞洲所有的微創醫師,打造一個醫師社群,」黃士維說。

對於台灣的醫療新創公司而言,這些來自海內外、不同專業背景們的醫界名師們,不僅能提供第一手的使用者反饋,還能協助擴散產品影響力,快速累積首批關鍵用戶,是產品概念驗證(Proof Of Concept, POC)的最佳場域。

積極投入新南向

時間拉回 40 多年前,創始院長黃明和自台大醫學院畢業後回到故鄉彰化開業,要讓鄉親們享受「跟台大醫院一樣水準」的醫療服務,現在更向全美第一的梅約診所醫學中心(Mayo Clinic)看齊,要在彰化打造世界級醫院。

以台灣的私立醫院來說,雖然秀傳醫院的規模不比其他醫療集團,但是企圖心卻是不落人後。秀傳擁有全台第一台超音波體外震波碎石機、開全台之先例引進宙斯(Zeus)機械手臂

系統進行微創手術、設立全亞洲第一個微創手術訓練中心，近年來更積極思考如何透過加速器與創投讓新創落地，甚至進一步商品化。

由醫院成立創投在國外並非新鮮事，許多國家如法國與日本皆有案例；而在美國，由醫院成立的創投基金就超過 50 家，例如德州醫學中心（Texas Medical Center）在 2017 年便啟動規模 2,500 萬美元的創投基金，梅約診所醫學中心亦成立創投（Mayo Clinic Ventures）專注發掘醫療新創團隊。

秀傳醫院除培育人才與新創動能外，亦積極投入新南向。近年來陸續與越南多家醫院與大學簽訂合作備忘錄，推動醫療技術合作、人才培訓及國際交流，希望將台灣優質的醫療技術與經驗輸出到東南亞國家。

此外，為了迎接醫療科技的時代，秀傳也加速與電子大廠展開合作，讓科技廠直接進入醫療現場訪談需求，加速 AI 醫學技術的開發；黃士維更建議企業直接去找醫師擔任外包或顧問，讓醫師與工程師合作研究，將加速醫學與 ICT 產業的結合。

「我希望秀傳能夠掌握自己的命運，在 20 年後脫胎換骨！」黃士維發下豪語。

儘管創新轉型仍有一段長路要走，但包括遠距微創手術中心、海外據點、創投基金這些腳步都已經跨出去，未來的秀傳

醫院，不只是一家區域型醫院，更要在國際醫療新創舞台佔有一席之地。

Q 微創中心的學員有一半來自海外，如何突破疫情的衝擊？

A 疫情之前，微創中心會延聘國外專家學者來台灣講學，並面向全球招生，因此學員報名受訓的費用較高、受訓時間也至少需要 5 ～ 7 天；疫情爆發後，國外講師都沒辦法飛過來，讓成本馬上降低，學員只要繳交 5 ～ 10 萬元即可受訓，用視訊授課也能有效把受訓時間縮短到 3 ～ 5 天。我們成功因應疫情的關鍵，是把課程形式調整成適合台灣醫師的內容，2020 年時學員全部來自國內，市場滲透率已經達到 2 ～ 3 成。

微創中心在成立五週年時，法國前總統夫人卡拉‧布妮（Carla Bruni）曾有拜訪規劃，雖然最終因外交政治因素而無法成行，但這也讓我們發現，微創中心所能槓桿的外交能量遠比想像中驚人。透過微創中心訓練出的學員、講師社群，也可以發揮很好的網絡效應。

我們的下一個目標，是打造醫材合作教育中心與研發中心，希望建立起不輸全球頂尖醫院的國際鏈結，培養出更多優秀的醫師、人才與新創團隊，為秀傳、以及台灣醫療產業的未來 20 年累積發展動能。

Q ── 比翼秀傳基金是台灣第一檔由醫院成立的創投基金，它是怎麼運作的？

A 美國透過醫院成立的創投，通常會外包給創投公司，執行長不會自己看項目，但對投資報酬率的設定，跟非醫院的創投一樣高、聚焦項目也跟台灣不一樣。

美國的醫院創投特別關注能夠幫助醫院轉型的新技術，比如能夠改善營運流程的軟體；或者是只有醫療行內人才會知道的利基點，像是梅約診所醫學中心曾經投資的心電偵測技術，他們對這類題材就特別有興趣。

台灣有正式成立創投或加速器的醫院，就是北醫跟秀傳兩家。我們希望可以在行業內打造一個生態系，有看得懂的創投很重要，有發展潛力的獨角獸也很重要。

比翼秀傳基金有幾位核心成員專注於評估投資新創標的，主要領域聚焦在手術相關、以及數位醫療相關趨勢的團隊；未來如果國內外有好的標的，都不排除投資可能性。

ICT 產業、醫療新創與政府皆須調整心態以掌握生醫發展利基

1. 台灣有完整 ICT 產業供應鏈，也有先進醫療水準。ICT 產業應該可以為醫材新創公司帶來新的製造方法與資金，而醫材新創公司則應該能幫助 ICT 產業熟悉醫療法規限制、產品認證等規範，雙方的合作利基非常可觀。

2. ICT 產業在與醫療產業、特別是醫療新創公司合作時，需要克服代工思維，學習與「不確定性」共存，不以產量評估產品價值將是兩者合作開展的成功關鍵，因為醫療新創的雛形產品，需邊捏邊調整，因此研發期間較長，相關許可的取得難度也較高。

3. 政府在評估醫材新創是否達到上市櫃標準時，也時常會基於「買一個確定性」的心態，要求新創公司需有多種產品發展進程（Pipeline），但高確定性也意味著紅海；政府與企業應跳脫追求確定性的思維慣性，要能勇於面對「不確定性」的挑戰，與新創能量共同開闢新藍海，這才是台灣產業轉型升級的重要關鍵。

第 16 章

鋐昇實業

小零件大關鍵
鋐昇靠綠海策略打造五金王國

「過去的種種挫折，奠定了我再起的結構。」

——鋐昇實業董事長黃文彬

轉型關鍵

背景	升級轉型方向／方式	具體作法
市場低價競爭	建立自有品牌	擺脫以製造為主的低價競爭模式，改以 PATTA 品牌經營全球市場，各國採品牌總代理模式，確保客戶多元分散，產品堅持「品質至上」的核心價值，並改採輕資產、輕財務負擔的營運型態，大量與外部製造廠合作生產。
欲擴展營收成長動能	建立產業生態系	透過既有的品牌通路及產銷管理能力，發揮一站式購足的優勢，進一步發展成貿易市集平台，讓產品橫向延伸到非傳統五金領域，並滿足不同階層客戶的需求

鄰近高雄 85 大樓的曼哈頓商辦大樓，從高樓層可以清楚眺望高雄港及亞洲新灣區。這裡有一間在地起家的隱形冠軍──鋐昇實業，以 PATTA 品牌外銷全世界上百個國家，產品都是螺絲、拉釘這些不起眼的「小零件」，但卻是機械、建築、汽車、航太產品都不可或缺的「大關鍵」！

其實，台灣有許多泛五金產品的製造工廠，但類似鋐昇這樣跳脫低價代工思維、成功經營國際品牌的公司屈指可數。在不斷升級轉型的創業歷程中，鋐昇是如何建構出獨特的「綠海策略」，發揮價廉物美、高品質的競爭優勢？面對未來，鋐昇又將如何佈局全新的市場版圖及商業模式，創造下一波的營運高峰？

品牌與 MIT 是勝利方程式

「我們不是做螺絲的，我們是做品牌的！」鋐昇董事長黃文彬站在 PATTA 品牌展示間，帶著自豪的語氣說，「所有工具要鑽的、要切的、要磨的、要焊的、要量的，我們都有賣！」

他隨手拿起一個機具說，「這個產品我們跟某知名車廠是同一家供應商，但 PATTA 的價格只要競品的一半！」

這就是鋐昇的優勢。過去 20 多年，靠著高品質、高性價比的產品力及一站式購足的貿易平台，將 PATTA 品牌從中東、東南亞推向全球，且每個國家只與一家總代理合作，根據當地人口數、國內生產毛額（GDP）及消費習慣，決定產品策略與出口數量，這種代理模式加上深耕品牌的堅持，不僅建構起規模經濟的採購優勢，更成功將「知名度」轉換成「指名度」，創造可觀的品牌溢價效果。

之所以能夠打下現有的江山，黃文彬歸功於介於藍海與紅

海之間的「綠海策略」。他表示，經營「藍海」的公司很怕這種「綠海」，因為我們有很好的品質，也不會偷斤減兩，但價格卻很有競爭力；反觀瞄準「紅海」的公司只會複製別人、削價競爭，品質卻不堪一擊。

「這也就是我們能夠擊敗大陸廠商、打進對價格相當敏感的非洲、中東、中南美洲等市場的最大本事，PATTA 品牌與台灣製造就是勝利方程式。」

老闆落跑逼自己創業

在五金扣件產業打滾超過 40 年，黃文彬似乎天生注定要吃這行飯的，但他其實經歷過不少大風大浪，也繳了許多學費，所幸每次都能從錯誤中記取教訓，將失敗經驗轉化為成長的養分，成就了 PATTA 現有的五金霸業。

黃文彬退伍後找第一個工作時，應徵了企業事務機、車廠、五金工廠等 3 個工作，因為前輩提醒第一個工作會影響一輩子、要特別謹慎，最後他放棄了薪酬高出一倍的前兩個工作，選擇了跟自己機械背景有關的小五金廠。

他運用從小幫家裡賣板豆腐、做生意的經驗，很快就拿到第一筆訂單，沒想到五金廠老闆卻跟他說要收掉公司、請他退掉訂單，但客戶堅持要他供貨，意外讓他踏上創業之路。他寫了一個提案獲得母親的支持，隨即以 20 萬元設立公司，並以

自己的專業畫出機械圖，採購材料後請代工廠製造半成品，再讓鄰居幫忙手工組裝，完成了交貨任務。

為了拓展業務，他走遍台灣的五金行，挨家挨戶拜訪，憑藉自己對市場的敏銳度及客戶的觀察力，生意很快就步上軌道，他深信「國外客戶不會比台灣更奸巧」，開始做起外銷生意，雖然一度被貿易商倒帳，但在長輩的協助下度過難關，至此他決定跳過貿易商，直接經營海外終端客戶。

業務主管出身的哥哥加入公司後，海外業務如虎添翼，也順利打進東南亞市場，並在工業區買了 500 坪地，建立規模化的生產線，這時候公司還是以代工模式出貨。黃文彬回憶說，第一次拿到馬來西亞訂單時，用客戶的品牌，當時覺得很風光；但第二次去討論訂單時，覺得應該讓別人叫得出名字，也播下了後來公司發展品牌的種子。

黃文彬正在構思要用什麼「名字」之時，正好看到當地在舉辦「BATTA 運動會」，他覺得如果把 B 改成 P，以 PATTA 命名應該很響亮，後來又看到五金行有個油漆包裝，以白色、紅色各半進行配色相當顯眼，行動力超強的他馬上將名稱及設計包裝搞定；至於 PATTA 的品牌精神——由 Professional（專業）、Active（積極）、Trustworthy（信賴）、Typical（獨特）、Ambitious（雄心）組成，則是後來持續優化所賦予的內涵。

因管理不善引爆財務危機

雖然公司有了品牌的雛形，但黃文彬的創業之旅，並非就此一帆風順。

第三次前往東南亞討論訂單時，客戶告知其產品銷售奇佳，希望能夠擴大採購，但條件是偷料以增加毛利，他為了爭取這筆大訂單勉為同意，後來卻付出銷售一敗塗地的代價，連好不容易建立的信譽都賠上了。「所有消費者都是聰明的，經營品牌一定要一步一腳印」，這次經驗讓他痛定思痛，造就出後來「品質至上」的最高原則。經過多年的耕耘，PATTA 逐步贏回客戶的信賴，在東南亞市場站穩腳步。

真正讓公司大發利市的，是黃文彬發現印尼的一種有切削的新款螺絲，是興建鐵皮工廠的重要零件，因為看好其未來商機，決定投入 300 萬元向日本採購最新機器；儘管同時有多家台灣廠商投入市場，但因為鋐昇對相關製程的掌握度最好，產品賣到供不應求。

他強調，我們是用生命賭下去的錢，因此非常認真學習及生產，最後其他台廠的機器都被我們買來了，每個月出貨量高達 60 貨櫃、1,200 噸。當時許多國外客戶也前來採購，伊藤忠集團美國公司甚至一次下了 50 萬美元的訂單，但要求每次交貨時必須所有品項都交齊才能押匯；這導致了管理上的缺失，好做的產品完工了，卻獨缺特定幾個品項，公司堆了幾十個貨

櫃的產品無法出貨，引發嚴重的財務危機。

「明明每個月有幾百萬美元的訂單，這些錢卻看得到摸不到，最後兵敗如山倒......」黃文彬忍痛宣告失敗，將公司資產處分清算，但當時才 30 幾歲的他沒有放棄人生，他深知不是產業不好、也不是產品力有問題，純粹只是管理上缺乏經驗，他對五金產業的前景仍樂觀以對，希望能有重返榮耀的一天。

蓄積東山再起的能量

有天黃文彬在路上偶遇哥哥的好友，是進口軟木塞的老闆，在高雄有間小辦公室，他向這位老闆以每月 2,000 元承租一張辦公桌，聘請一位業務人員，就此重起爐灶。但之前公司經營不善的消息已在業界傳開，當他重新聯繫國外老客戶時，大多數都拒絕再跟他做生意，只有一位在中東的客戶，知道來龍去脈後，願意再給他一次機會，黃文彬連忙借錢買了機票，飛去沙烏地阿拉伯爭取訂單。

這位黃文彬口中的「教父」，認為他的產品及服務仍有競爭力，決定重啟合作關係，不僅下了訂單，還連開了幾 10 萬美元的信用狀，讓他有了翻身的「本錢」；後來黃文彬開始重跑業務，到歐洲和其他地方，有計畫性地拜訪重點客戶，被老客戶拒絕，就想辦法賣給競爭對手，當產品重新回到市場後，客戶的信心與訂單也就逐漸跟著回籠，終於讓 PATTA 品

牌奇蹟式地東山再起，也應驗了一位臥龍大師給他「家道中落再興」的批示。

「過去的種種挫折，奠定了我再起的結構！」黃文彬總結公司能夠重振旗鼓，具備下列幾個關鍵因素。

首先，過去客戶要求減料，讓他曾在市場上吃到苦頭，因此後來堅持「品質至上」的核心價值，絕不短視近利，確保品牌能永續經營；其次，以往客戶過度集中，一旦大客戶訂單無法出貨或倒帳就會讓公司陷入困境，後來改採品牌總代理模式，確保客戶多元分散；第三，因為曾在生產管理方面失利，他改採輕資產、輕財務負擔的營運型態，逾 8 成訂單都與外部製造廠合作生產，公司只專注於供應鏈管理、品質控管及客戶服務等環節。

正因為黃文彬建構了一套獨特的市場定位與商業模式，即便有大陸廠商透過複製仿冒及低價競爭兵臨城下，PATTA 終能守住城池。他強調，「我們的策略就是守住綠海、守住品質、守住信用、守住專業、守住特定客戶，約 7 成的研發資源都聚焦在差異化的高端產品，交貨給知名車廠及一線客戶，另外高度競爭的一般商品，我們不正面對決，甚至可向外採購 OEM 產品，來維持價格競爭力。」

期許 PATTA 升級成 3M

歷經超過 40 個年頭的發展，如今鋐昇年營收逾 20 億元，業務範圍涵蓋亞洲、中東、歐洲、俄羅斯、北非、拉丁美洲等地，但黃文彬並不以此為滿足，從 2013 年起開始佈局多元的新產品、新事業，不僅擬定了積極的中長期計畫，幾個重要的秘密武器也蓄勢待發。

首先，持續開發高階產品，例如耐蝕、耐鏽、高強度產品，供貨給太陽能、車廠、航太等客戶，將是提升毛利的關鍵利器；其次，美國一線客戶的高階訂單加持，可望成為營收快速成長的重要推手，年營收有機會在未來幾年挑戰 100 億元；第三，產品自然延伸，擴展到非傳統五金領域，透過既有的品牌通路及產銷管理能力，充分發揮一站式購足的優勢，進一步發展成貿易市集平台。

黃文彬坦言，他的夢想就是讓 PATTA 不再只是金屬及五金扣件的品牌，而能升級成像 3M 一樣眾所周知的消費性品牌，不只是製造生產而已。

因為公司掌握既有的品牌通路及生態系優勢，可以讓產品橫向擴展，即便市場上有其他更低價的選擇，代理商在一站購足及長期合作的信任關係下，多半願意擴大採購；鋐昇則扮演好貿易商的角色，絕大多數生產都委由外部廠商製造，降低營運風險，自己則持續優化供應鏈管理的能力，換取更多的獲利

空間。

如果說鋐昇 1.0 的核心是生產、鋐昇 2.0 的核心是品牌，鋐昇正在擘劃的下一步，就是進入以服務為核心的 3.0 世代。

另一方面，鋐昇也計畫在台灣啟動併購，佈局五金零售通路體系。黃文彬分析，就跟便利商店取代雜貨店一樣，傳統五金行也面臨急迫的轉型壓力，雖然二代普遍不願接班，但市場需求並未消失，平均每 5 公里就需要一間五金行，相關商機值得期待。

鋐昇正著手打造創新的「智慧五金商店」加盟體系，引進物聯網、智慧物流、智慧零售、人工智慧、行動支付等數位科技，提供產品、物流、櫃臺、資訊系統、售後服務等一條龍服務。黃文彬透露，屆時將開放給所有品牌產品上架，PATTA只是其中的一部份產品，未來更計畫將此一商業模式複製到全球，讓 PATTA 品牌更貼近末端消費者。

完成全球戰略佈局

「針對未來的變革，我們已經準備好了！」黃文彬強調。

為了因應全球經貿情勢變化及未來 30 年的永續發展，鋐昇在高雄仁武產業園區購置 9,000 坪土地，預計建造 1 萬 5 千個儲格的自動倉儲及智慧製造基地，並啟動上市櫃計畫。

公司也規劃出全球三大製造基地及五大銷售板塊，以高

雄作為全球運籌中心，搭配中國的世界工廠及越南的製造廠，其中越南廠將以關稅優勢供應東南亞、歐洲市場，在中美貿易戰的情勢下也可供貨美國；至於五大銷售板塊則包括台灣、中國、東協、歐洲及波斯灣，以板塊與末梢神經理論來進行目標行銷、就近服務客戶。

　　儘管品牌之路並非一蹴可幾，但 PATTA 從「小零件、大關鍵」出發，創造「小生意、大貿易」的成長故事，無疑是台灣眾多企業展現「小台灣、大世界」價值的絕佳例證。

Q 過去公司幾次摔跤都與管理層面有關，後來如何調整修正、建立一套屬於自己的管理模式？

A 年輕時沒有經驗、也沒有人可以學習，所以會在管理上出差錯，例如分不清白報表、黑報表的差異，伊藤忠的訂單才會出現庫存管理的嚴重問題。後來我們不再以製造為核心，轉向以品牌及服務為核心，不用背負龐大的庫存壓力，而且堅持有利潤的產品才做，我要求業務報價最少要有 26% 毛利。在財務管理上，我也更瞭解要看真實的報表，我只關注五條曲線：營收、毛利、營業費用、稅前淨利、出口費用，抓住大方向就能做好營運與風險控管。

Q 您的品牌經營哲學是從「知名度」到「指名度」,能否分享 PATTA 品牌經營的獨特心法?

A 我們在國外進行品牌推展時,會有些特殊的作法,例如參加國際專業展會時選擇獨立承租攤位,而非參與「台灣館」,這樣 PATTA 品牌才能被充分看見;或是買下大卡車車外的廣告,掛上 PATTA 品牌;各國代理商也會主動在店家購置 PATTA 店招廣告,爭取品牌多元曝光的機會。

做品牌跟做產品很不一樣,品牌價值的目的在於帶給消費者信賴,唯有提高公司產品的識別度及塑造品牌價值,才能在客戶心裡留下深刻印象,進而從「知名度」到「指名度」,提高消費者購買意願。因此我的經營哲學是品牌凌駕於企業之上,整體思考及決策都必須以品牌為主軸,企業全力支持品牌,來感動及影響每一位消費者。

Q 放眼未來 5 ～ 10 年,公司發展最大的挑戰為何?

A 我覺得還是人才!公司近年來致力成為學習型組織的幸福企業,建立幼鷹、精鷹、雄鷹等不同階段的人才培育機制,同時也成立微型 PATTA EMBA,希望為品牌長遠的競爭力打下良好基礎。

這個行業的生產線員工很重要,他們就像是高級工程師,是生

產高品質產品的要角；另外我們也很重視海外的市場人才，因
此與中山大學、政治大學合作，招聘在台就讀的外籍生，借重
其語言優勢與對當地文化的瞭解，掌握各國市場狀況，實踐全
球在地化的經營策略，在訂單需求及庫存管理做好動態調整。

創生觀點 ··

萬事俱備，只欠厲害的 CEO

1. 鋐昇實業歷經 40 多年的積累，淬鍊出產品力、品質、品牌等方面的核心價值，並建構獨特的營運模式及市場地位，現在中長期的戰略佈局也初步確立，不管是產品的橫向延伸、不同階層客戶的需求、市場版圖的擴大，不難持續創造後續營收的成長動能。

2. 放眼未來 5 ～ 10 年，鋐昇孵育的新事業有機會開始收成，但團隊能否跟上董事長黃文彬的腳步，將是成效能否展現的一大關鍵。目前公司的核心團隊包括財務長、策略長、採購長、資訊長都已到位，也成立七人決策小組，但需要很強的 CEO，還要具備像黃文彬一樣膽大心細、活潑浪漫的特質，以及優異的行動力和風險控管能力，才能具體落實現有的策略方案。

第 4 部

異業發展

第 17 章

崇越集團

30 年橫跨三大產業
崇越下一步要組聯盟打世界盃

「現在半導體產業面對的都是巨人，但我們要依靠巨人！」

—— 崇越集團董事長郭智輝

轉型關鍵

背景	升級轉型方向／方式	具體作法
客戶需求改變	成立合資公司	原為半導體材料代理商,為了加速交貨時程,找上日本原廠,爭取合資在台灣設廠,轉型為製造商
擴展成長動能	跨足新產業	因應客戶興建新廠的需求,成立廠務工程公司,擴及綠能環保及循環經濟等領域,協助建置廢水處理廠、無塵室、太陽能發電站
擴展成長動能	跨足新產業	因為代理冷凍櫃接觸到漁產加工業,成立安永鮮物通路事業,以科技思維建立食安體系與推廣健康生活觀念
市場高度競爭	調整產品與通路	從銷售生鮮食品轉向料理包及營養品,進而放眼海外市場,並往上游佈建智慧養殖與加工廠,從 B2C 回歸 B2B2C 通路
地緣政治牽動供應鏈關係	改變產業生態圈	到美國、日本、馬來西亞等地設立據點,建置倉儲與物流體系,邀集台灣廠商組成供應商聯盟,鎖定半導體大廠提供完整解決方案

半導體材料、廢水處理廠、鮮食通路、運動場館，這幾個看似不相關的東西，竟全都出自同一個企業集團 —— 崇越集團。

台灣半導體材料代理龍頭崇越科技，在集團董事長郭智輝的帶領下，一路展開多角化經營。從本業半導體材料與設備代理銷售出發，跨足光電、汙水處理等循環經濟領域，成功站穩獲利的第二隻腳之後，再將目光投向大健康產業，以科技思維打造水產加工廠和安永鮮物健康超市，放眼外食族群與鄉愁商機，並計劃推出醫療復健相關事業。

從早年小貿易行的超級業務員，到縱橫半導體業 30 載的一方之霸，再退居管理二線轉當賣魚郎，做起 B2C 的零售生意；郭智輝如何洞燭機先，為崇越集團的「後天」超前部署？在勇於拓展新事業的過程中，崇越又如何善用外部創新的力量，搶進大健康產業的兆元商機？

從代理商轉為製造商

崇越從貿易代理商做起，雖然業績穩定，但郭智輝認為，沒有自家的產品，非企業永續經營之道；隨著客戶持續成長，意識到風險管理的重要性，要求代理商也能在台灣建置工廠，一方面縮短從國外進口、報關作業的前置時間，一方面也減少中間可能的變數。

　　郭智輝於是找上日本原廠爭取在台灣合資設廠，從代理商轉型為製造商，不僅與原廠建立更緊密的關係，也獲得晶圓廠客戶的更多信賴。當初業界主流是 6 吋晶圓，合資廠從比較先進的技術──8 吋開始切入，也將 8 吋晶圓生產引進台灣，崇越、漢民將半導體代理商與設備商綁在一起的合作模式，後來也成為業界常態。

　　除了半導體產業，崇越也跟著台灣電子業的脈動，順勢跨入被動元件、光電、太陽能等產業所需的材料與設備，2003年股票上市之後，版圖又擴張到綠能環保及循環經濟等領域，成為工程公司，一開始主要協助建置廢水處理廠、無塵室、太陽能發電等廠務工程，後來也跨入生活廢水等公共工程。

　　至於後來跨足生鮮食材，則是一個美麗的插曲。郭智輝為了代理一套日本先進的冷凍設備，開始接觸到漁產品加工業，發現這個產業有不少改進空間，索性自己跳下來經營通路，2012 年成立了安永鮮物，以科技思維建立食安體系與推廣健康生活觀念，跨足大健康產業。

生鮮通路放眼海外市場

　　對郭智輝來說，從半導體進入環保工程沒有經歷太長的學習曲線，而且很快就獲利，因為仍屬於相關事業的多角化，加上有既有的客戶關係，與廠商已堆疊出一定的信任基礎；但跨

入大健康產業後，屬於非相關產業的多角化，且是從 B2B 跨入到 B2C，商業模式截然不同，「半導體做得好，不代表鱸魚精做得好，這段轉換的過程非常辛苦，」他有感而發地說。

　　過去 10 年來，安永鮮物持續根據消費市場的變化，進行營運方向的調整，一開始是主打魚類等生鮮產品，現在則是減少生鮮、轉攻冷凍料理包及準熟食。郭智輝看好外食人口的龐大市場，針對不會烹調、沒時間料理的年輕族群，只要 15 分鐘加熱就能享用快速、好吃、安心的一餐，希望取代 FoodPanda 及 Ubereats，成為外食餐飲的一種選擇。

　　「流通業不能只靠產品競爭，很難拼得過全聯這些大型通路，一定要組策略聯盟。」在郭智輝的盤算中，從生鮮改賣熟食，除了是因應市場需求以外，最重要的是服務範圍可從台灣外銷到全世界，他提出「一把剪刀解鄉愁」的概念，研發多款熟食、調理包與藥膳湯品，加上知名品牌的月餅、肉粽等，藉由「食」來傳遞故鄉的溫度，讓海外遊子與台商、華人甚至當地人，在世界各地都能吃得到台灣的美味。

　　由於食品的競爭相當激烈，安永的下個階段目標，則是將食品營養化、營養品食品化。舉例來說，鱸魚精在台灣市場很受歡迎，適合產後、術後、癌後的人服用，未來也將銷往海外，另外也將規劃年輕女性坐月子所需的營養品，同樣是放眼全球市場。

向上游布局智慧畜殖場

為了開發高品質的營養品，需要優質的養殖與畜牧環境，因此崇越又從通路端往上游發展，由旗下的建越科技工程，承攬「台糖虎尾現代化農業循環畜殖場」工程，建置新一代的智慧畜殖場，以物聯網系統串聯豬場生產區與污水處理區，在豬隻全生命週期中，都能進行自動化管理，並有大數據分析系統。

他強調，農業亟需轉型，我們透過智慧養殖、智慧感測、無人機探測等科技來實現智慧農業，包括屋頂太陽能、小型風力發電、儲電設備也都是由崇越集團供應，另外也跟日本研究除臭系統，建立廢棄物的循環永續利用。

「繞了 10 年之後，我又回到熟悉的戰場，」郭智輝表示，如果朝向農畜養殖加工的營養品發展，就會脫離 B2C 的通路，改走 B2B2C 的銷售通路，更有機會發揮我們的核心競爭力。

輸出台灣半導體供應鏈平台

現階段崇越集團已經建構出半導體、綠能環保、大健康等三大事業體，但每個事業仍不斷在進行優化與升級。以崇越科技為例，已從賣產品到賣整體解決方案（Total solution），邀集台灣供應鏈夥伴一起出海到世界各地，將崇越沒有的產品也整合進來，崇越則專注在倉儲、物流，以完整價值鏈就近服務

半導體大廠客戶。

「現在半導體產業面對的都是巨人，但我們要依靠巨人！」郭智輝強調，受到地緣政治的影響，包括美國、日本、德國都爭取台積電到當地設廠，供應鏈業者也必須跟著大客戶的腳步四處布局，他向台灣供應鏈夥伴招手時，也都會說：「我們藉著台積電的機會，一起開展美國市場。」

「我本來只賣燒餅油條，現在賣的是中式早餐，」他比喻說，「客戶不僅想吃燒餅油條，也要蛋餅豆漿，我們就把這些全數備齊，現在先端出 7 奈米的中式早餐，之後可能會端出五奈米的西式早餐，滿足客戶一站購足的需求。」

不過，崇越的目標並不僅止於台積電，也希望將整套解決方案賣進英特爾（Intel）。事實上，崇越在美國亞利桑那州設立的據點，距離台積電有 120 公里，但距離英特爾僅有 30 公里，充分顯示其爭取英特爾的企圖心。

除了美國以外，崇越也計畫赴日本熊本，打造同樣的供應鏈平台，接下來則會考慮德國，以短鏈服務海外客戶需求。郭智輝強調，現階段重點在於與供應鏈夥伴保持良好關係，我們先做順水人情，不賺夥伴的錢，幫夥伴解決「出海」的最後一哩路，累積足夠信任與默契後，就能一起打天下。

另一方面，崇越也開始服務小型 IC 設計公司，延伸其在半導體產業鏈的服務範圍。郭智輝說，許多 IC 設計公司在草

創初期，或者僅有單一產品時，缺乏談判籌碼，找不到晶圓廠願意接單；但崇越藉由與晶圓廠的緊密合作關係，可協助 IC 設計公司到台積電、聯電投產。以中國為例，崇越從 3,000 家 IC 設計公司中，挑選了 300 ～ 400 家來服務，影響力正逐步提升中。

崇越何以要提供這類設計服務？郭智輝解釋，我們幫晶圓廠帶來訂單，較有機會指定使用我們的材料與晶圓，這是鞏固原本生意的模式。此外，半導體有五大製程，影響良率的變數有很多，到底是材料、設備或零件，大家總是互相責怪別人的環節出差錯；但崇越與 IC 設計公司共同研發晶片，用崇越的整體解決方案，安排最好的製程，不會有怪來怪去的問題，也能充分發揮我們的價值。

以併購加速成長，挑戰千億元目標

歷經水平與垂直的多角化布局，2022 年崇越集團年營收已經突破 500 億元，並訂下 2030 年達到 1,000 億元的目標。郭智輝表示，三大事業部都有訂定各自的成長率，例如半導體事業希望維持每年 15% 的成長率，高於市場平均水準的 8 ～ 10%，其中新產品與新市場仍是兩大動能，並以整體解決方案的供應商為定位。

如果靠自我成長腳步太慢，也會加速啟動併購計畫。郭智

輝透露，過去崇越有過 2 ～ 3 次小型併購案，取得一些練兵經驗，2023 年 8 月剛成立新事業育成中心，由專責團隊來操盤。因為日本半導體產業過去 20 年來較為低迷，未來併購有很大機會在日本，將透過創投業者對日本相關案子進行評估。

　　放眼未來，郭智輝認為，台灣要成為世界的台灣，也期許崇越能夠邁向真正的國際化企業，其中國際營運人才將是重中之重，將從東南亞、美國開始扎根，資助大學生到台灣求學工作後，再派回家鄉或其他國家任職；這些對台灣有一定熟悉程度、又有跨國歷練的年輕人才，可望成為接班團隊的核心成員，也是崇越擴張國際化版圖的最強後盾。

Q 崇越自半導體產業起家，如今再跨入大健康產業，您如何放眼「後天」，為崇越超前部署？

A 台灣許多企業經營，有時候不是那麼順理成章到好像你可以發展出一套理論來。很多往往是山窮水盡疑無路，然後走著走著就走出一條路來，柳暗花明又一村。除了運氣好以外，有一句話很重要—機會是留給有準備的人。

做大健康產業，其實是誤打誤撞出來的。原先崇越的核心事業在半導體和先進科技領域，大概在 2008 年金融海嘯時，我擔心雞蛋都在同一個籃子裡，萬一哪天半導體不行的時候，崇越不就垮了？所以開始思考崇越的下一步。

因緣際會下,我剛好接觸到一個日本技術很強的冷凍庫設備,要幫它做代理銷售。在開發市場的過程中,發現整個加工廠供應鏈的安全跟衛生方面實在不夠好,就一腳踏入漁產品加工業及生鮮超市,希望改變這樣的生態。

Q 從半導體產業 B2B 市場,到大健康產業面向 B2C 市場,兩者截然不同,目前您有哪些心得和體會?

A 從過去的 B2B 轉做 B2C 的大健康產業,這是非常大的嘗試,也是一個非常痛苦的過程,到現在還虧錢。這等於是內部創業,在創造一個新事業,那我為什麼敢做這個?就是因為我們有營收的第二根支柱,也就是循環經濟。

20 年前我在讀博士班時,聽老師在教行銷學,覺得 B2B 的行銷沒什麼難度,因為半導體材料賣給台積電等兩三家客戶,很容易就能瞭解領導人個性、方法及策略,但開始經營安永鮮物之後,發現 B2C 行銷真得很難,因為每個消費者都是變數,要讓一群完全不同的人來買你的產品,比 B2B 生意難多了。安永做了 10 年仍在虧損,超乎我的預期,現在覺得統一超商虧 7 年就能賺錢,其實很有他的本事。

做新事業會花錢,大家怎麼願意讓你花?所以第一,老闆一定要跳出來,由我自己兼策略長;第二,先把遊戲規則講清楚,告訴股東跟所有員工,我不會花太多,最多就是把盈餘的 10%

投入去做新事業。

我做安永最受不了的一件事是，以前做半導體業，談的錢都很大，店鋪門市談的卻都這麼小。過去我談的是公司經營，現在講的是門市營運，相差很多，不是差一個零，是差三個零！過去我們處理的訂單都是百萬元以上，務必要很小心。現在的訂單是 1,000 多、2,000 多塊…結果還錯。所以現在我在流通業最大的改變，就是希望能夠完全數位化資訊，必須要靠數位運算快速糾錯和校正，如訂單量多的時候，才能夠及早發現、及時修正。

Q 大家都說崇越很斜槓，為什麼會持續跨到不同產業？

A 產業一定有上有下，例如 1970 年代到 2,000 年代，半導體產業基本上就像是奧運一樣，每 4 年出現一個循環。崇越雖然在半導體產業做得不錯，但世界在變、景氣也在變，半導體產業可以好多久也是未知數。尤其我本身是學管理出身，一直在思考如何維持競爭力到下一個世代，讓年輕主管在 10 ～ 20 年後，還能繼續在這家企業發揮。企業如果要活到那個時候，就要先決定方向，思考要做什麼、不做什麼。行政院在推動五加二產業創新計畫，我們從七大方向選擇了三條路，包括半導體與先進科技、綠能、大健康，成為崇越未來發展的主要方向。

Q 崇越如何運用外部新創投資，幫助拓展多角化事業？

A 崇越有做策略性的外部新創投資，主要由自己直接投資或透過外部創投投資。例如資策會有一個日本的基金，專看日本的投資標的，表面上在為我們做財務性投資，實際上我們是透過它接觸到更多日本高科技廠商，增加代理及銷售商品的機會，所以稱之為策略性投資。如要說到投資報酬率什麼的，對我們沒有太大的意義。

我們現在的投資仍屬保守，所謂保守是說，我們大多是策略性，而非財務性的投資，對於異業尤其相對保守，主要仍看跟本業有關的投資，半導體、循環經濟和大健康產業都會看。大概每半年開一次策略會議和共識營，為崇越的長遠目標對焦。我想未來10年崇越還是會靠半導體，10年以後就靠循環經濟，20年之後就靠大健康產業。未來最理想就是三支柱子一樣大，但最後會再有一隻腳，一個與醫療復健、運動產業有關的計劃。

Q 您如何評估決定新創的投資？

A 面對新創，我不會投資一個人，而是投資一個團隊。我們有一個投資委員會，由財務長及投資部 2、3 位同仁負責，技術

的部分就請技術長評估，最後的決定權仍在我。我大概會從它的商業模式、現金流量，以及它的專業能力、進入門檻高低等幾個不同構面，就可以判斷它有沒有競爭能力。

另外，我們也成立了新事業育成中心，過去新事業都是丟給原來的系統，但會影響既有事業的績效，因此大家不太願意；現在則可以交給育成中心，由公司提供養分。其實新事業的投資需要決心，也需要股東及同仁的支持，一旦沒有成功就是沈沒成本，大部分的人都是看眼前的利益，但如果企業要永續經營、維持長遠的競爭力，一定要不斷打一些樁下去。

Q 要邁向國際化企業，如何培養足夠的跨國經營人才？

A 我一直跟幹部說，未來要發展成真正國際性的公司，領導班子就要廣納更多國際人才進來，目前我們在日本、新加坡、馬來西亞、越南的分公司主管都是在地人，半導體事業也開始用英文做為共同語言，報告都要寫英文，保持溝通的一致性與準確性。

在既有的高階主管部分，我們會優先送他們到臺大讀 EMBA，多認識一些其他企業的高管，如果要培養更國際化的視野，則可送去新加坡、上海交大、復旦大學唸 EMBA，之後也會考慮送去美國的哈佛大學或麻省理工學院（MIT）。

至於新進人才方面，要找到足夠的國際營運人才，單從台灣招募的確有點捉襟見肘，我們現在的作法是到越南找優秀的大學生，大四讓他們開始學華語，再資助他們到台灣念研究所，期間的學雜費、生活費都由我們支付，畢業後在台灣工作 3 ～ 5 年，接著視他們意願派回越南或其他國家。

此外，我也希望在美國找台灣移民的二代或多元族裔的大學生，資助他們到台灣的大學唸書，畢業後在公司服務，其他像是印度每年有 50 萬人的海外留學生，孟加拉與巴基斯坦合計有 4 億人口，歐洲的波蘭人或烏克蘭人，也都很適合挑選人才加以培訓，再派往先進國家服務。

創生觀點 ···

螺旋型升級，在老本行開發出新本領

1. 崇越集團雖然橫跨三個不同的事業體，但並未因為找到第二隻腳、第三隻腳之後，就放棄本業的持續精進，例如其在半導體產業建立供應商聯盟，串成完整的解決方案，一起打群架去海外爭取台積電、英特爾等國際大廠的訂單，其中有部分商業模式是回到貿易代理的老本行，但已經進化成貿易 2.0。此外，在安永鮮食的部分，也從產品通路端往上游的智慧養殖解決方案發展，恰能運用到環保綠能與廠務工程的專業，並從 B2C 回歸 B2B2C 的經營模式。這種螺旋式升級、不斷在老本行找到新本領的作法，相當值得其他企業借鏡。

2. 崇越為了加速成長動能，要開始加大併購腳步，當務之急是要建立評估投資併購的專業團隊，尤其未來併購對象很可能是海外公司，難度更高，需要夠強的團隊，才能更快速、精準、多元地進行篩選評估；這方面或可參考台達電連續併購海外公司的經驗，以「缺什麼補什麼」的眼光來尋找投資標的，再透過新事業發展的機制來驅動成長。

第 18 章

將捷集團

邁向綠色轉型
將捷集團展開多角化跨業布局

「永續經營，不是追求最大和最賺錢！」

——將捷集團董事長林嵩烈

轉型關鍵

背景	升級轉型方向／方式	具體作法
擺脫房地產業	景氣循環興建商辦	除了買地、蓋屋、售屋的傳統建築業獲利模式之外，投資興建商辦大樓，完工出租後，帶進穩定的現金流
實現永續經營的目標	跨業發展	展開多角化跨業發展，除了興建營運淡水滬尾園區，並跨足地熱發電，目前綠能、商辦、休閒、文創等事業已佔整體營收 3 成

　　2021 年 11 月，宜蘭清水地熱發電廠舉辦啟用典禮，為台灣地熱發電揭開序幕，地熱能也是台灣能源轉型政策中的潛力應用之一。清水地熱發電是將捷集團多角化布局的其中一項進展，從建築業起家的將捷集團，秉持「公利傳家學」，不僅投入地熱發電，也將觸角伸進文化休閒旅遊產業，在買地、蓋屋、售屋的傳統建築業獲利模式之外，走出一條不一樣的永續經營之路。

從建築起家，發展成多元事業集團

將捷集團是從創辦人林長勳 1974 年成立的建築師事務所起家，一路發展成為包括營造、裝修、建設、能源開發、資產管理、文創、整合科技等多元事業的集團。

林長勳的思維和作風，深深影響將捷的企業文化。將捷集團董事長林嵩烈談到將捷的發展，也很自然地從自己的父親—林長勳開始談起，訪談過程中經常流露出對父親的崇敬，以及父親對自己的影響。

林長勳原本就讀北商，畢業時就有很多銀行提供工作機會。當時台灣沒有建築師，只有建築技士，他父親希望他能轉行做建築師，冥冥中上天似有安排，剛好那一年大學聯考可以跨組報考，林長勳由商轉工、順利考上中原大學建築系，成為該系第一屆學生。

就讀大學期間，父親不幸病逝，為了籌措學費，他長時間到建築師事務所打工賺學費，也因為課業表現優異，連續四年獲得「關頌聲獎學金」。當時同學還在學校學習建築理論時，他已經在建築師事務所畫設計圖、算結構和成本估計，也在建築工地第一線工作，累積書本學不到的實務經驗，因此日後在準備高考或是服役時，都能發揮建築專長，表現勝過同儕。

林長勳畢業後，當兵分發到聯勤兵工廠，聯勤的隊徽是駱駝，所以被稱為「駱駝兵」。他在聯勤兵工廠營繕組負責房舍

設計，每蓋好一棟營房，營長就放林長勳一周的假，讓他學到更多設計和建造房子的經驗，同時也利用難得的放假期間準備高考。

儘管順利考取建築師執照，但林長勳並未立即投入建築業，退伍後考進中華郵政，經歷賣郵票、郵務士等職務歷練，最後被派到營繕組，主要工作就是設計及營繕郵局建築，又回到他的老本行。當時正是「一鄉一郵局」年代，林長勳的足跡踏遍全台和離島，台灣幾個指標郵局，例如金山南路的郵局、澎湖七美、望安、金門等偏鄉郵局，都有他的參與。這個階段，林長勳也吸收了土地開發的經驗。

打造一條龍服務

後來林長勳捨棄郵局鐵飯碗工作，結婚創業。1970 年代，他在永和買下人生第 1 間房子，後來熱錢湧入房市，賣掉房產後籌得創業資金，成立林長勳建築師事務所。當時永和很多地主就近諮詢林長勳對於土地開發的意見，並力邀林長勳參與投資，雖然當年沒有足夠的資金，只能小股參與，但一次又一次的投資獲利，讓林長勳累積了自己的第 1 桶金。

早年資訊不像現在這樣公開，包括地籍圖在內的很多資料都掌握在老建築師的手上，為了和老建築師打交道，林長勳很早就加入建築師公會，也因積極熱心參與公會各項會務工作，

不僅被推為台北縣建築師公會主任，先後歷任省建築師公會理事長、建築師公會全國聯合會理事長等職，之後出任了四師聯誼會（建築師、律師、醫師、會計師）會長，當時適逢二屆國大代表改選，他還被徵召參選，但因自認個性不適合從政，所以只做了一屆。

早在 1994 年，林長勳就成立了「慈暉文教基金會」，並以「改善生活環境、提昇生活品質」為宗旨，積極從事心靈改革與社會公益活動。此外，他也致力於社區營造，有感於雙和地區休閒綠地嚴重不足，為挽救瓦窯溝河川生機，留給後代子孫更好的生活環境，他結合地方熱心人士、學者專家，成立「瓦窯溝觀光運河促進會」，最後省政府決定整治瓦窯溝，使其成為兼具防洪與休閒綠帶功能的溝渠。

林長勳是建築師起家，因為不想做什麼都要聽業主、營造廠的意見，就慢慢整合上下游，從設計、建築、營造、室內設計、裝修到物業管理一條龍經營。2002 年，林長勳 60 歲時，他立下志向，未來每天都要做有意義的事，這樣的想法也影響了將捷集團的商業模式。

林嵩烈表示，早期建築業有很多假合建，大家一起合資購買土地但掛在個人身上，再與建設公司推動合建，這樣的作法可以節稅。但林長勳堅持帳目要清清楚楚，將捷的開發案都是由公司購買土地，否則萬一出事所有人都會受害，當時還被很

多同業取笑。此外，將捷也不做「二工」，不做取巧的違法行為，事後證明，林長勳當時的堅持是對的。

新舊融合，建立都市更新的典範

位於台北市重慶北路、保安街口的「北福大稻埕」，是林長勳的代表作之一。這棟巴洛克建築原本是台鳳的起家厝，建築物本身非常破舊斑剝、但並非古蹟，然而政府希望能保留這棟具有時代意義的建築。經歷 9 年的溝通協調與整合，加上政府獎勵，2000 年終於落成啟用，是全國第一棟完美融合歷史和現代的辦公大樓，該建案亦獲得了多項建築獎項。

「北福大稻埕」完工時，房市非常低迷，但林長勳說服了所有股東，採整棟出售的模式處理，因為如果股權分散，未來保存的難度就會提高很多。股東們認同為後代子孫保留歷史文化的理想，即使不賺錢，也要為台北市留下值得保存的歷史建築，至今仍傳為佳話。

將捷 2000 年初參與捷運行天宮站共構聯開的標案（現為將捷巴菲特），那時台灣剛開始有捷運聯開招標案。林嵩烈說，當時商辦市場非常低迷，將捷在附近蓋好的一棟純辦大樓，「賣了一年都賣到快要躺下來」，而聯開案的量體是那棟純辦大樓的 3 倍多，銷售前景更不樂觀，但林長勳投標時就堅持要做商辦。

在林長勳眼中，松江南京商圈是台灣早期的華爾街，是撐起台灣經濟 30 幾年的黃金地帶，在商業區當然要蓋商用不動產，才能帶來人流、讓沒落的城市復甦，蓋住宅未免太可惜。當時參與投標的有 5 家，其餘各家標案用途都是住宅、住商混合，只有將捷是純辦，最終由將捷得標。

一開始大家都不太清楚林長勳的想法，直到將捷巴菲特落成，將捷集團進駐，這棟純辦替錦州街帶來人流，周邊的店家也逐漸開始裝潢、升級，市況越來越好。團隊才理解到，建築公司「只要在對的地方，設計對的產品」也可以發揮社會責任，或許不是自身利益的最大化，但對周邊的環境有幫助，就是對的事情。

有了將捷巴菲特的例子，將捷參與松江南京捷運站共構的「將捷國際商業大樓」投標時，團隊自然就決定要做純辦。但林長勳卻說只做純辦還不夠，還要做 A 級商辦。當時松江南京附近有 B 辦、C 辦，就是沒有 A 辦，但他觀察政府投入了這麼多錢在交通建設，肯定有 A 辦的需求，所以要做一棟未來開發商都會當成目標、想要超越的建築，透過這樣的良性競爭，未來的市容肯定有所不同。

事後證明，「將捷國際商業大樓」還沒蓋好就滿租，而且都是外商進駐。在將捷蓋好之後，附近的大樓果然紛紛開始拉皮，當地商圈也開始展現不同的樣貌。

跨足文化休閒、新能源產業

將捷在淡水打造的「滬尾文化休閒園區」，也是類似的例子。在 2014 年房地產景氣反轉前，林長勳就覺得房地產長達 10 年的榮景不太正常，當時林嵩烈還想繼續買地擴張，林長勳卻要集團出清餘屋、暫停開發，結果隔年房地產景氣就反轉，後續 4 ～ 5 年房地產蕭條時，將捷全心投入滬尾園區的建設。2019 年完工，林嵩烈轉述他父親所說：「滬尾文化休閒園區是我 50 年建築人生的智慧結晶。」

2019 年是將捷多元發展、永續經營的元年，除了滬尾園區開幕，清水地熱開發案也如火如荼展開。林嵩烈表示，之所以跨足地熱發電，緣起於 2015 年聽前交通部長簡又新分享 COP21 的概念，談到台灣能源自給率太低，也必須要為減碳做準備。

「當時風電跟光電都有很多人在做，但地熱發電卻一直看不到結果，其實台灣早在 30 ～ 40 年前就曾投入地熱，遠比菲律賓等國都來得早」；林嵩烈深入瞭解之後發現，地熱開發失敗是人的問題，將捷希望能結合團隊，為台灣能源轉型開啟另一條新路。

業內的人都知道，傳統建築業總在景氣好時大量開發銷售房產，景氣變差時就只能縮編，公司很難做到永續經營。將捷沒有怨天尤人，將觸角延伸到綠能、商辦、休閒、文創等新領

域，挹注穩定的現金流，目前已有 3 成營收來自這些部門，不僅擺脫傳統房地產因景氣循環而大幅波動的「魔咒」，也得以創造綠色轉型的新價值。

Q　將捷集團未來有無上市櫃規畫？

A 將捷在 1995、1996 年間曾經接受輔導要上市，結果遇到 1997 年亞洲金融風暴、1998 俄羅斯倒債危機，父親看到很多朋友護盤護到雞蛋水餃股都不見了，覺得做生意不用這樣難過，所以就撤回 IPO 計畫。面對未來，將捷認為「上市是永續經營的一環，不是我們的目的」，既然過去 20 幾年都是穩定發展，如果機緣能順勢上市就上，但不為上市而上市。

我們研究過很多日本千年企業、歐美百年企業，除了極少數之外，外國能永續經營的企業很少是產業裡最大、最賺錢的。將捷思考的是怎樣活得最久，怎樣平衡急功近利和堅持理想，要追求的是永續經營，而不是最大、最賺錢，所以願意接受資本市場的挑戰，但不會強求。

Q　將捷為何會想要打造滬尾園區，投入休閒產業？

A 將捷之所以投入滬尾園區，是因為父親的阿嬤是淡水人，

父親很小時依稀有記憶，對淡水有一份特殊的情感。淡水一直都只有捷運站和漁人碼頭兩個經濟圈，但這條線上沒有什麼重點，林長勳希望能做點事，讓淡水經濟圈從點變成面。

在此之前，林長勳在很多學校捐贈生態池，藉此讓小朋友認識生命、尊重生命。有兩個學童原本見到昆蟲就踩，家長怎麼講都沒有用，但學校有了生態池、生態教育之後，學童在野外會主動講解昆蟲，看完之後又主動放回去，讓家長明顯感受到其中的轉變。

滬尾園區融入了生態的理念，建設前就先做生態調查，建築物也用大自然的顏色，與周遭環境融為一體。建築完成後一年，再請生態老師來做生態調查，結果生態物種全部飆升。

從長遠來看，休閒產業也是商務不動產的一環，有助於集團穩定現金流，與本業可以相輔相成。

Q 將捷對於地熱發電的下一步發展有何規劃？

A 我們透過清水發電廠，證明台灣的地熱發電確實可行。清水商轉前後，官員的態度 180 度大轉變，從原本的質疑到支持、讚賞。原本開發地熱發電最困難的就是行政程序和溝通，大家都不理解、也不懂，官員的觀念也不是很正確，普遍認為地熱產業不可能成功，但清水的實績化解了多數的疑慮，政府也開

始簡化手續、修法，讓我們看到產業的希望。

另一個挑戰是，地熱發電產業有很多不肖份子，拿著營運企劃書到處兜售，萬一他們募了一筆錢做不出來，大家就會覺得不行。開發過程中，也有很多人表達參與的意願，但不是所有人都能像將捷熬這麼久，所以最好等政府遊戲規則制訂好之後再投入，可以少走很多冤枉路。

將捷在地熱開發部分，主要是與旗下的結元能源開發合作，繼清水之後，我們也正投入新北金山硫磺子坪地熱的開發。即便時至今日，還是會有人說「台灣的火山跟別人不一樣」、「台灣的火山比較酸」，但我們就是不斷證明，可以商轉給你看。清水地熱電廠的規模是 4.2MW，金山硫磺子坪預計 2025 年可以商轉，能夠貢獻 20MW，再來就會朝向 30MW、50MW、100M 邁進。前面都算是先導，等到對地下的狀況更瞭解，之後就會加速。

創生觀點

跨業布局已有初步成績
下一步可結合眾力加速成長

1. 多數房地產公司都是靠買地、蓋房、賣房這樣的循環維持營業額,景氣總是有起有伏,但資本市場期待每一季都要有盈餘,上市櫃公司若沒有穩定的現金流和收入,要維持會很辛苦。房地產上市櫃公司發展到一定程度無可避免的就得要轉型,轉型好的就變成多角化經營,不好的就成為沒落的「一代拳王」。

2. 將捷一直都是穩定中求進步,如果持續這樣的發展哲學,未必需要進入資本市場。但若按照以往的作法,可能 10、20 年只能做成幾個重大案子,因為要花很多的時間、資金也全都是自己的,多角化的發展也會比較緩慢。

3. 將捷過去都靠自己,但未來可以探索能否結合眾力加速成長。以地熱發電為例,假如將捷未來 5 年,每年能蓋好 1 座發電場,不僅是很了不起的事,對台灣也會有很大的幫助。將捷在地熱發電是先行者,但後面也會有很多競爭者開始仿效,應該考慮多運用資本市場或策略聯盟,較能繼續維持領先地位。

4. 純粹要賺錢的事業不能持久，企業永續經營要有一個對的
   目的、好的願景、符合社會的需求，如果純粹要賺錢就容
   易變成金錢遊戲。將捷秉持林長勳創辦人「公利傳家學」
   的理念，多年來貫徹「做好事、做對事」的企業文化，追
   求永續經營，不圖急功近利，實是難能可貴。惟徒善不足
   以自行，將捷的善念，如何能透過適當的企業組織和商業
   模式，一方面能堅持理想，另一方面又能務實經營，是林
   嵩烈董事長和團隊持續面對的挑戰。

第 19 章

保瑞藥業
豪砸百億連續併購
保瑞從小藥商變身 CDMO 製藥王國

「我要讓全世界看到台灣做的藥！」

——保瑞董事長盛保熙

轉型關鍵

背景	升級轉型方向／方式	具體作法
從貿易商轉型製造廠	併購	看好生技製藥產業委外代工的新商機，保瑞跨出併購第一步，收購日商衛采台南廠，首度建立自有產能，並承接衛采的藥品代工訂單
擴大營運規模	連續併購	自 2013 年到 2022 年連續收購 6 家藥廠，投入近 100 億元資金，躋身台灣一線 CDMO 藥廠，並重新規劃為保瑞藥業、保瑞生技、保瑞聯邦等三大事業體，其中保瑞聯邦仍從事老本行的醫藥代理業務

　　每年暑假，保瑞董事長盛保熙都會飛往美國西岸的聖塔莫尼卡（Santa Monica）度假，除了放空沈澱以外，也跟學界及業界友人討論國際生技市場的現況，並思索著公司未來的佈局。因為連續併購成長的路線在業界闖出名號，經常有許多併購合作提案上門，許多人都在關注，他下一次出手會花落誰家？

自 2013 年以來，保瑞陸續在台灣收購了 6 家藥廠，投入近 100 億元資金，其中包括美商、加拿大商、日商的藥廠在內，因為信任他是「說話算話」的人，許多藥廠都指明要跟盛保熙交易。保瑞因此從一家小型的西藥代理商，升級成涵蓋研發、製造與銷售在內的全方位藥廠，並透過國際委託開發暨製造服　務（Contract Development and Manufacturing Organization，CDMO）模式，頻頻獲得國際藥廠的大量訂單，論營運規模與影響力，已躋身台灣一線藥廠之列，股價與市值也不斷衝高，躍為生技股王之一。

臨危授命返台繼承家業

盛保熙 2 歲就搬去美國，20 歲時父親盛維恩突然離世，他跟姐姐提早繼承家業，大學畢業就從美國返台協助公司。盛維恩創辦的西藥代理商──和安行經營得很成功，但公司較為人治，組織非常扁平，員工雖有經理、副總這些職稱，並無核決權限，都是盛維恩說了算；盛保熙念的是經濟學，跟姐姐都不熟產業，因此找來專業的經營團隊，為公司重新建立制度。

公司營運回到穩定軌道後，盛保熙就退回董事會、淡出經營行列，展開他的連續創業生涯。起初，盛保熙選擇做代理的生意，當時美國知名醫藥與彩妝品牌──契爾氏（Kiehl's）紅透半邊天，成為他的首要目標，他拎著包包就前往美國。一開

始客戶忙於美國市場、毫無外銷意願，他先去找一家小門市敲門，從交朋友開始，先是一個貨櫃一個貨櫃進貨，透過密集的「傳真」往返，談了 3 年終於拿下 Kiehl's 的代理權，後來更做到全亞洲最大、全世界第二大代理商。

雖然代理 Kiehl's 做得有聲有色，但 2000 年 Kiehl's 被萊雅（L`OREAL）收購，亞洲代理權被收回，讓他第一次體會到代理是無法長久的生意。2001 年他創辦美容工具品牌「修美人」（Tweezerman），又被德國知名刀具品牌 WMF 收購。

歷經這幾仗，他突然發現，代理商貢獻的價值只有通路而已，當地市場經營得好，原廠會想自己跳進來做，別人也會虎視眈眈想搶代理權，最後毛利就會愈來愈低，幾乎都難逃這種宿命。

從創業過程汲取養分

21 世紀初網際網路崛起，也激起了他的網路創業夢，在台灣市場推出線上翻譯平台，比起 Google 翻譯上市整整早了 10 幾年，但成績卻不如預期。他深刻體悟到，在台灣做網路業離矽谷太遠了，不僅缺乏市場資源，也不易獲得創投青睞，「我們在什麼市場就要做什麼事情，好好利用自己的地緣位置（Location），不要讓 locaiton 變成障礙，更不要在台灣做美國的夢！」

　　之後盛保熙還跟朋友投資影視行業，投入電影製作、影片代理及藝人經紀等工作，眼界也為之大開。以電影製作為例，雖然前製與後製時間可能長達數年，但拍攝階段很緊湊，短時間就要組織 200～300 人一起工作、完成任務，他也因此學會超強的執行力、精細的統籌規劃及多工處理能力。

　　這些創業跨度很大，盛保熙坦言繳了很多學費，但也因此累積了許多經驗，從美妝代理學到資本市場的運作，從西藥代理學到人際關係的重要性，從拍攝電影學到籌組團隊的能力，還有媒體互動、溝通談判等技巧；雖然創業過程有成功有失敗，但後來都成為他在生技業大展身手的重要養分。

從貿易商跨足製造商

　　2007 年，是盛保熙的轉折點。「我即將邁入 40 歲大關，心想一定要留下什麼東西，要做一些真正貢獻社會、影響世界、帶來正面能量的事情」。

　　同一時間，他從自家公司董事會注意到代理事業發展遇到瓶頸，種種跡象也顯示，生技業正在醞釀新一波大商機。他發現隨著美國開始投入細胞開發、標靶治療等研發，相關技術的開發與製造需求大增，部分生技業專家紛紛從美國回到台灣，創投資金也密切關注此一領域。於是盛保熙回到藥業、成立保瑞，開始摸索生技業的可能性。

他強調，過去長期做貿易商，要精打細算，業務人員跟成本愈少愈好，才能擠出利潤；相較而言，製造業必須投資設備、工廠，能夠創造更多工作機會，對產業鏈的價值及 GDP 的貢獻也更大，「我不可能做貿易商做到 5、60 歲，我想做一些與眾不同的事！」

看好全球藥品市場快速成長，保瑞早期曾嘗試過開發新藥，但盛保熙發現亞洲的生技研發環境先天不足，做新藥的難度太高；但全球委外代工的需求有增無減，而台灣產業又具備製造與服務客戶的優勢，他希望能搭上這個趨勢，趁勢跨足製藥領域。

「我很想有一座廠，但我只懂財務，在業界是無名小卒（Nobody），一個製造的人都沒有，甚至根本沒進過任何一間藥廠，要怎麼開始？」因此他只能尋尋覓覓、等待機會。

靠人脈與名聲跨出併購第一步

自 2000 年開始，外商藥廠紛紛離開台灣，陸續出售工廠，多數台灣藥廠買下工廠後都是生產自己的學名藥，但盛保熙認為應可做更有價值的事。原本他有意自己建廠，卻發現如果併購優質的製藥工廠，不僅可取得人力、設備、產能與藥證，還可順勢承接代工訂單，反倒比自建工廠更能發揮綜效。

保瑞的第一個機會，來自於日本前四大藥廠之一的衛采。

過去盛保熙團隊與衛采之間曾有高血壓藥的多年代理合作關係，他自己也常跟業務代表一起蹲點，2010 年衛采決定收回代理權，他要求業務團隊必須展現誠信，確保所有醫療院所的生意順利轉移，業績數字不能往下掉，存貨也要全數歸還，業界常見不按規定交接、流失客戶的狀況並未發生。儘管代理權移轉影響了數千萬元的營收，但盛保熙確保順利移轉，且完成後還發給自家團隊獎金，這種作法讓他在衛采留下了好名聲。

2013 年衛采決定出售台南廠，當時全球正在推行國際醫藥品稽查協約組織的 PIC/S GMP 標準證照，而這座工廠已經取得認證，因此吸引中化、永信、生達等眾多製藥廠積極搶親，但最終保瑞以黑馬之姿擊敗眾多競爭者。

「當時公司資本額才 100 萬元，業界對於衛采要賣廠給拍電影的盛董都不可置信，但日方基於過去的信任關係還是選擇我，可見一個人的信譽（Reputation）很重要，人跟人的關係也很重要！」盛保熙下了這個註解。

盛保熙在併購衛采台南廠後，陸續解決銀行融資、管理團隊等問題，首度建立自有產能，承接衛采在台灣與 15 個國家的外銷藥品代工訂單，正式從過去的代理銷售跨足到為國際藥廠代工服務的營運模式。

愛上製造業的踏實感

盛保熙在擁有第一座工廠後，愛上了製造業的踏實感，他發現生產東西、服務客戶可以帶來超乎預期的成就感。「我喜歡從小成功開始累積，因為這次的收購案，成了我踏入製藥、併購的第一個拐點，也是恩人給我的第一桶金，」自此之後，他對併購更具信心，機會自然也隨之而來。

保瑞的第二個併購對象是聯邦化學製藥。由於外商藥廠陸續離開，許多代理商的第一代也陸續退休，業界出現不少值得併購的好對象。盛保熙在 2014 年以 4 億元併購聯邦製藥後，不僅取得 185 張藥證與藥品銷售通路，還將原有產能轉移到台南廠，並把土地資產處分掉，還清了 10 億元債務。

「那時我發現只要有人、有資金、懂門道，併購就會愈來愈順利，還可透過資本市場的資金，進行更多併購」。也因為保瑞併購衛采及聯邦製藥都產生不錯的整併效應，業界傳出口碑，後來開始有國外藥廠主動詢問，保瑞在 2018 年及 2020 年又接連出手，分別併購了美商 Impax 旗下的益邦製藥、葛蘭素史克藥廠 GSK 加拿大廠。

「當時 Impax 有意出售益邦，但益邦砸了 34 億元興建台灣廠，是台灣最大的 FDA 藥廠，多數藥廠認為出價一定很高、遲遲不敢出手，有美國製藥天王之稱的趙宇天，笑說大概只有盛保熙才會買。」盛保熙評估後，認為 Impax 不單是要從售廠

中獲利，更重要的是找到可以代工的夥伴，這正是保瑞可以發揮的優勢；結果跌破業界眼鏡，保瑞只出價 1,850 萬美元（約新台幣 5.55 億元），擊退其他出價更高的競爭對手而出線。

一家台灣小公司，要吃下世界級的藥廠並非易事，業界也質疑他根本沒有管理國際大型藥廠的經驗，所幸保瑞靠著既有團隊與過去的整併經驗，逐一懇談將益邦的人才留下來，最後 Amneal & Impax、輝瑞等大廠的代工訂單也順利入袋。

針對 GSK 加拿大廠的出售，業界原本也認為他勝算不大，他抱持著當初爭取 Kiehl's 代理權的精神，親自飛往倫敦，以「見面三分情」的策略，直接找到決策者，再度以自己掙來的業界名聲打下勝仗。

勇於挑戰不可能

很多人相當好奇，保瑞僅是一間台灣小型藥業公司，為何能頻頻吃下世界級的藥廠？除了盛保熙的人脈與信譽發揮作用外，也與他勇敢浪漫的性格息息相關，因此能夠不斷挑戰業界認為「不可能」的事。

「我過去不是經營藥廠出身，比較沒有包袱，遇到難題時先不預設立場。」別人會說不可能，但在美國長大的盛保熙，習於以「沒有什麼不行」的態度直接面對它，「因為沒什麼好損失的（Nothing to lose），所以難題都不是難題！」就像特斯

拉創辦人馬斯克（Elon Musk）所說：「把問題分成一個一個任務逐一完成，問題自然就能迎刃而解。」

舉例來說，保瑞在收購聯邦製藥時，基於經濟規模的考量，當時有 180 多個藥證必須從原本的藥廠轉到保瑞台南廠，業內的人都說受限於法規很難移轉，但他找上衛福部請求協助，後來採取特別專案的方式順利轉移藥證。

保瑞在收購益邦後，要將益邦原本使用的思愛普（SAP）的企業資源規劃（ERP）系統切斷與 Impax 美國的連結，改成獨立運作，但保瑞總部並未使用 SAP 系統，找了台灣幾家系統整合商都束手無策，後來另闢蹊徑，花了 30 萬美元找上一家美國系統整合商才解決問題。

另外，為了將 180 套管理系統從 GSK 轉到保瑞，他不惜耗資 1,000 萬美元給專業顧問，建立跟國際接軌的管理系統，此後就擁有一座可外銷到全世界 88 國的藥廠，且龐大產能更讓業務團隊沒有後顧之憂。

追求雙贏結果

多次出手併購都傳回捷報，一方面因為盛保熙在業界建立良好風評，且眼光精準、洞悉賣家的想法；另一方面則是團隊、資金都已準備到位，因此機會一出現他總能快速決定、掌握先機。雖然併購取決於天時、地利、人和等各種條件，但他

之所以敢做這些事情，最根本原因是「保瑞沒有過去，只能賭
未來！」

2022 年第二季，保瑞又跳了一階，以更大手筆的 15 億元
及 60 億元，分別收購伊甸生醫與安成。值得一提的是，過去
在美國學名藥市場有所謂的「四大天王」，其中趙宇天已經投
資保瑞生技，陳志明與許中強則是分別將安成國際及 Impax 出
售給保瑞，也顯示出生技界對保瑞的發展路徑與企業文化有一
定認同。

盛保熙表示，他跟陳志明認識很久，早在 6 年前安成還沒
下市前，他就說過要買他的廠，因為他知道安成的廠很有價值；
很多買家希望將安成的工廠跟公司拆分，只收購部分資產，但
保瑞原本就同時有製造端及銷售端，願意全部承接，這次併購
案也快速談定。

「我向來追求雙贏的結果，不能只有一方獲利！」盛保
熙提及他的併購哲學，「會站在賣家的角度幫他們解決問題，
且有足夠資源可解決人、地、稅等問題，這是其他公司沒有的
優勢；我也會保障員工的工作權，讓好人才都順利轉移到新公
司。」

保瑞併購安成後，安成的工廠將會併入保瑞藥業，銷售的
部分則會併入保瑞聯邦，這也有助於保瑞聯邦擴增人才及產品
線，「從此保瑞聯邦在我們這個大家庭，不再只是小朋友，」

他充滿信心地說。

另一方面，保瑞在收購伊甸生醫後，也首度跨足大分子研發領域。「伊甸生醫有 100 位員工，接受國際級的管理體制，開發過七個產品，他們是一個寶，可惜在台灣沒有被世界注意到，我一定會讓他們被世界注意到」，盛保熙發下豪語。

挑戰 10 億美元營收

完成一連串的併購後，保瑞已從生技業的 nobody 變成要角，在台灣 CDMO 產業佔有一席位置，並取得台灣通往全球製藥市場的門票。

「常有業界大老問我，花這麼多錢併購，要等幾年才會賺錢？」盛保熙說，這個業界往往覺得代工是最低階的，其實代工也可以賺錢，買工廠也能帶進業績，我們不是做新藥開發，但不代表我們在產業鏈沒有價值。

「我對台灣有一份感情，也認為台灣產業一定要整合，我也需要更多產能、研發人才，帶給客戶更多價值」。盛保熙在多次併購整合的過程中，與愈來愈多員工夥伴交流對話，他深信這個行業真得可以裨益人類，而這樣的使命感與企圖心也愈來愈清晰，「我們應該有個夢，讓全世界看到台灣做的藥！」

現階段保瑞旗下已有保瑞藥業、保瑞生技、保瑞聯邦等三大事業體，分別專注於小分子藥物 CDMO、大分子藥物

CDMO、藥品與保健品銷售通路，其中保瑞藥業已於 2017 年上市，保瑞聯邦、保瑞生技也都有相關掛牌計畫。

盛保熙強調，我不想學聯電、鴻海孵育很多小雞，但公司如果該拆分就要拆分，讓各自保持其競爭優勢，尤其保瑞生技開發大分子藥品，一款新藥動輒要投入 6,000 萬元～ 1 億元的研發預算，自然需要資本市場的支持。

放眼未來，盛保熙已設定 10 億美元的營收目標，將持續擴充產能及追求成長，其中併購仍是不可缺的一環，他坦言台灣值得併購的目標已經不多，未來會將主要目標放在海外。為了搭建國際化舞台，他希望打造一個強大的跨世代團隊，結合過去有成功經驗的前輩，以及有強烈企圖心的夥伴，把台灣當成競爭優勢，持續在台灣挖掘優秀人才，並爭取資本市場的全力支持，創造台灣製藥生技產業的新時代！

Q　為何會看好 CDMO 的商業模式？

A 我在國外看到很多經營 CDMO 成功的例子，因此在台灣我是大聲喊 CDMO 的第一人。其實，一開始大家不知道 CDMO 是什麼，很多人也覺得沒有價值，但現在有高達 75% 新藥開發公司是委託給代工廠製造，委外代工有很大潛力。很多人以為我在搞財務操作，其實我把整個公司都調整成專業 CDMO

模式，開始規劃代工產線，並成立專屬的客戶服務及技轉團隊，代工需求就一直湧入，債務也陸續清償，銀行也表達支持興趣，大家才開始注意到 CDMO 的價值。台灣產業原本就很擅長製造，服務客戶也做得很好，因此我相信台灣在 CDMO 領域大有可為！

Q 併購過程中有哪些事可以做得更好？

A 大部分都跟「人」有關，像是不好的人應該早一點換掉、好的人應該早一點找進來。現在回想起來，在成立保瑞之前，我交了很多學費，那時個性比較自大，不會帶團隊，也不知道如何規模化，還好這些犯錯經驗都成為後來的養分，我有個特質就是一直往前看。我的挑戰就是人、人的挑戰就是文化，如何驅動「半滿」的文化，讓員工不怕出錯、從嘗試中學習成長，對公司很重要。

Q 從代理商進入製造業，最大的差異是什麼？

A 第一次買下衛采的工廠後，我就發現自己很喜歡生產東西，也很喜歡管生產的員工。擁有工廠後我覺得我可以養員工、甚至是他們一家人，而且只要努力可以一直成長，規模可以一直

加碼擴展下去，這跟過去做代理商截然不同。

___
Q 如何評估選擇外部的併購提案？

A 併購是為了幫助公司達成目標，不是為了併購而併購。雖然我每年都要評估 20 ～ 30 個併購提案，但始終抱持非常審慎的態度，謹記在商學院唸書時教授的提醒，針對企業文化、收購價格等條件多方考慮，有 95% 的併購提案都會被我拒絕。選定併購標的時一定要聚焦，不要的東西就是不要，會分散我們資源與焦點的也不行。

創生觀點 ·······································

併購案不斷升階
買廠買訂單買人才一次到手

1. 保瑞董事長盛保熙結合東西方的人格特質，因為從小在美國長大，策略思維和社交習慣比較接近西方人，對於與外商溝通談判很有加分效果，但又兼具東方人重視人情與聲譽的特質，有助於建立人脈連結和雙贏理念。他沒有傳統製藥廠的包袱，加上自己不甘於平凡，有強烈的事業企圖心，因此從美國返台後，將老爸做了幾十年的藥品代理商整個脫胎換骨，最近幾年連續多次精準併購，更讓自己從外圍躋身台灣 CDMO 藥廠四大咖之一。

2. 跨出併購的第一步最難，但他憑藉自己的業界人脈與信譽，第一次出手併購衛采台南廠就有好成績，讓團隊的信心大增，業界也刮目相看。有了第一次以後再逐步升階，併購規模也跳了好幾番，進而建立現有的地位與影響力。最重要的是，盛保熙抱著「要讓全世界看到台灣做的藥」的願景，很早就設定「10 億美元營收」的目標，讓他勇於衝刺，敢接二連三攻城掠地，在不到 10 年的時間裡，就建構了相當堅實的 CDMO 產能。

3. CDMO 製藥代工業務雖然在國外行之有年，但過去台灣根本沒多少人敢做，主因是國際藥廠對亞洲工廠信心不足；但盛保熙以初生之犢不怕虎之勢積極投入，且精準掌握藥廠輕裝上陣的趨勢，藉由購併外商藥廠的方式不斷取得代工訂單，而且連人帶貨帶生意都進來。只要能夠進入那個 club，事情做好不怕沒生意，就看自己的執行力，多快能把基礎建設搭好。這個道理很淺顯，但很多人不敢跨出去，讓盛保熙能快速崛起。進退起伏，值得深思。

4. 除了快速切入 CDMO 新領域的製造端之外，保瑞也沒忽視老本行的醫藥代理業務，更進而把它優化為醫藥與保健品的銷售通路，整合到保瑞聯邦旗下聚焦成長。老幹新枝同時發展，製造銷售雙腳並行，可見保瑞並沒被未來美夢沖昏了頭，還是很務實地兼顧今天既有生意，頗為難得。

第 20 章

中國砂輪

70 年老店「磨」亮新招牌
中國砂輪從陶瓷業躍入半導體業的奇幻旅程

「中國砂輪一直以來都是切入利基市場,希望在小池塘中扮演
大魚的角色。」

—— 中國砂輪董事長林伯全

轉型關鍵

背景	升級轉型方向／方式	具體作法
營收面臨天花板	擴展新事業	長達十年期間年營收無法突破 10 億元關卡，多數同業都去大陸投資，中砂選擇投資新事業，與工研院攜手開發延性輪磨技術再生晶圓，獲台積電青睞，後又因客戶需求成功開發鑽石碟，躍居半導體材料重要供應商
新舊事業管理難度高	相互學習、共創綜效	半導體業務已佔整體營收 7 成以上，但並未放棄傳統砂輪事業，還加碼投資砂輪基礎研究與創新變革，發揮新一代半導體材料製程的助攻效果；同時也將半導體事業的管理制度運用在砂輪事業上，讓新舊事業激盪出新火花

　　提到鶯歌，很多人都會想到陶瓷，總部位於鶯歌的中國砂輪（以下簡稱中砂），過去也曾是鶯歌陶瓷業的一員，但在退出陶瓷業轉戰砂輪業後，歷經多次轉型，靠著「磨」功打下一片江山，不僅從傳統砂輪研發到鑽石砂輪，還將研磨的好功夫

擴展到半導體材料領域，現在已是再生晶圓及鑽石碟的全球前兩大供應商。

中砂 70 年來的發展軌跡，幾乎就是台灣砂輪業的成長史，而中砂以研磨技術為核心，讓砂輪應用擴展升級的演變，也是台灣產業轉型再造的縮影。中砂從陶瓷業跨足半導體業的歷程，看起來彷彿像電影劇情般神奇，但背後卻有著一致的經營脈絡。究竟中砂如何靠著自己的核心技術尋找下一個機會？新舊事業之間又如何兼容並蓄、借力使力？值得大家學習借鏡。

陶瓷業殺成紅海，轉型跨入砂輪業

1950 年代外銷業帶動鶯歌陶瓷業的蓬勃發展，但愈來愈多人投入後，市場逐漸殺成一片紅海。中砂董事長林伯全的曾祖父林長壽創立金敏窯業後，曾是當地生產鍋碗瓢盆產量第一的工廠，但競爭加劇衝擊獲利，毅然選擇轉型，在林長壽長女婿白永傳的主導下，1953 年投入技術門檻較高的砂輪業，成立台灣第一家砂輪工廠。

當時白永傳結識一位懂砂輪技術的朋友，由白永傳負責出資及經營管理，朋友則負責技術，後來雙方拆分，改組轉成獨資公司，1957 年公司正式更名為中國砂輪，並與日本三井金屬礦業株式會社技術合作。

「其實砂輪也是一種陶瓷，製造流程相當類似，」林伯

全表示，隨著台灣工業邁入發展期，各種工業產品只要涉及切割、研磨的都需要砂輪，所以砂輪的需求也快速成長。原本台灣的砂輪都得依賴日本進口，本土廠商出現後，以「進口取代」的方式順勢接收市場，其中搶得先機的中砂業績扶搖直上，年產量高達上千噸，穩居台灣內銷龍頭地位。

砂輪業維持了一段時間的好光景，到了 1990 年代，台灣工業發展進入轉型期，廠商為了降低生產成本，大舉西進大陸。中砂的營業額也碰到天花板，雖然一直都有開發新產品，但長達 10 年的時間，始終難以跨越年營業額 10 億元的門檻，讓經營團隊心急如焚。

成長面臨天花板，豪賭投身半導體材料

「砂輪就像是鹽巴，放一點調味很好吃，但不會吃很多。」中砂執行長謝榮哲引用前董事長林心正的話，一語道出了砂輪產業的困境。由於砂輪產品的接觸面向廣泛、客戶分散，業績都是「積沙成塔」，且產業技術成熟後，客戶的忠誠度不高，容易因競爭對手降價而轉單，對營收及獲利都是挑戰。

「當時我們也走到十字路口，究竟要去大陸投資，還是要加速轉型？」林伯全坦言，儘管中砂持續精進以研磨為核心的技術，引進包括鑽石砂輪、PCB 鑽石刀具等新產品，但客戶性質都跟砂輪類似，規格太多、訂單少量多樣，有一定利潤但成

長性不高，營收不易快速成長，公司一直找不到第二曲線。

最現實的問題是，砂輪業的門檻主要來自設備而非技術本身，儘管中砂一直能夠找到新藍海，藉由採購國外先進設備來建立競爭優勢，但只要對手也購置設備加入競爭行列，藍海很快又會變成紅海，而公司盈餘要再投入新設備的採購，獲利也因此不斷被稀釋。

直到 1990 年代後期，中砂看好半導體的發展，大膽啟動再生晶圓及鑽石碟兩大研發投資案，不僅讓中砂突破營收天花板，後來更徹底改造了經營體質及企業文化，從傳統的砂輪業跨足半導體產業，成功躋身半導體材料的重要供應商。

與工研院攜手開發再生晶圓，獲台積電青睞

說起中砂跨足半導體產業的機緣，謝榮哲表示，1997 年中德電子材料成立，在台生產 8 吋晶圓，但 8 吋晶圓投資成本很高，剛好當時工研院機械所也提出晶圓奈米研磨計畫，中砂看好再生晶圓的發展潛力，找上工研院機械所合作，希望運用「延性輪磨」加工技術，克服脆性材料的限制。

「那時候日本與美國的主流方式都是用研磨（lapping），沒有人用一片、一片輪磨的方式來生產再生晶圓，」謝榮哲回憶說，到國外考察時心都涼了，但擔任計畫主持人的他沒有回頭路，深覺不能辜負工研院、中砂的期待，投入兩年進行技術

研發，終於帶領團隊開發出用砂輪產製再生晶圓的設備。

由於輪磨加工的品質更好、更環保，且可減少材料使用及降低成本，很快就獲得客戶認同。為了因應量產的需求，從工研院團隊衍生成立新公司金敏精研，2,000 年 3 月獲得台積電第一筆訂單，金敏成為台灣第一家延性輪磨精密加工再生晶圓材料的製造廠。

從 8 吋進入 12 吋晶圓時代後，輪磨已成再生晶圓的業界標準製程，2001 年金敏也順勢跟上台積電的腳步，興建台灣第一座 12 吋再生晶圓廠，金敏於 2005 年併入中砂成為晶圓事業部。

不可諱言的是，對於年營業額僅有 10 億元的中砂來說，當時投資再生晶圓新事業堪稱一場豪賭。「我們花了 1.2 億元研發這項技術，還砸下 10 億元在竹北興建廠房，但至今 20 多年來，為中砂累計創造了超過 270 億元的營收。」謝榮哲自豪地說。當時台灣有多家砂輪廠商也都投入再生晶圓材料的生產行列，但能夠自主研發製程技術、且能讓半導體大廠買單的只有中砂。

深耕自主技術，與護國群山並肩作戰

現在回過頭看，前董事長林心正不僅精準掌握半導體材料的新趨勢，不惜重本大膽投資，且諸多策略佈局都有其高瞻遠矚的規劃。例如當初與中研院合資成立新公司時，並未沿用砂輪本業的既有團隊與舊體制，而是讓謝榮哲自行建立新團隊與

新制度；另外，在評估興建再生晶圓廠時，考慮到鶯歌是陶瓷聚落、容易有粉塵污染，且客戶都不在這裡，因此轉向大新竹地區覓地，基於「有土斯有財」的觀念，希望自行購地建廠，原本謝榮哲規劃只需 1,000 坪土地，但林心正認為未來一定有擴廠需求，建議買大一點，後來才有佔地 3,000 坪的竹北廠。

中砂眼光精準的不只有再生晶圓，同樣在 1990 年代後期，因應化學機械研磨（Chemical-Mechanical Polishing，CMP）製程興起，晶圓廠找上中砂，探詢是否可能運用砂輪來生產晶圓 CMP 製程所需的鑽石碟。團隊經過多年的測試研發，利用原有的鑽石砂輪技術，研發出讓鑽石不脫落、晶圓不刮傷的專利製程，並於 2000 年開始量產出貨，迄今已是僅次於美國 3M 的全球第二大鑽石碟廠商，且產品壽命是競爭對手的三倍。

對於中砂在半導體產業的亮眼成績，謝榮哲歸功於公司快速佈局、勇於投資，加上台灣身處半導體產業聚落的核心，相關供應鏈得以亦步亦趨、參與新一代製程研發，不管是鑽石碟、再生晶圓，都能最早掌握最新規格與先進製程，與護國群山並肩作戰打天下，因此能躋身世界級半導體供應商之列。

在小池塘當大魚，鎖定利基產品磨出價值

目前中砂已經建構出晶圓事業部、鑽石事業部、砂輪事業部三足鼎立的態勢，也是台灣極少數涵蓋傳統機械業及半導

體業的公司，儘管半導體業與砂輪業的產業型態、生產模式、組織文化截然不同，但中砂不僅沒有放棄砂輪本業，甚至加碼投資砂輪的基礎研究與創新變革，讓不同事業之間彼此學習互補、創造綜效。

「沒有砂輪活不成，但只有砂輪一定活不好」，謝榮哲認為中砂必須兼顧新舊事業，才能發揮獨特優勢。一方面中砂的傳統砂輪技術，對新一代半導體材料製程扮演重要助攻角色；另一方面，中砂在半導體事業建立的管理制度，也回過頭來運用在砂輪事業上，讓傳統與創新之間激盪出新火花。

從砂輪到半導體材料，看似毫不相關的產品，其實有著同樣的策略心法。林伯全分析，「中砂一直以來都是切入利基市場，目前的三大產品也都有類似狀況，希望在小池塘中扮演大魚的角色。」一言以蔽之，這個利基市場處於「大的不進來，小的進不來」的狀態，因為有一定的進入門檻，小公司不易切入，但也由於市場規模不夠大，大公司也看不上，讓中砂這樣的中型公司，可以守住自己的一方田地。

最重要的是，中砂長期深耕自主技術，相較於同業都是購置日本的砂輪設備，中砂則是從砂輪的機台、配方、材料都是自己掌控，才能創造現有的生產規模與產業地位；同時對新技術的研發也是不遺餘力，例如鑽石碟就擁有 300～400 個專利，因此能在半導體業佔有一席之地。

　　謝榮哲強調，傳統產業也會與時俱進，砂輪技術歷經百年的發展，但還有許多可以精進的地方，「許多人都是知其然而不知其所以然，台灣做輪磨研究的屈指可數，值得繼續投入」。中砂透過研發中心持續進行基礎研究，希望帶動砂輪產業的升級，爭取未來的市場機會。

擁抱改變與創新，積極展開數位轉型

　　中砂是家老牌企業，但投入新產品的腳步卻不曾停歇。林伯全強調，公司表面上看起來風平浪靜，但底下卻是波濤洶湧，我們的 DNA 就是「擁抱改變」，因此推動組織改造及數位轉型時，並不像其他公司那麼費力，但還是有很多困難需要突破。

　　舉例來說，中砂早期並未建立太多制度，謝榮哲發現常有員工不時主動要求調薪或升遷，因此開始仿效半導體業建立完整的績效考核及調薪升遷制度，再將半導體事業部的相關制度導入砂輪事業部；儘管新舊事業的管理制度與薪資結構相差不小，但因為三個事業部的營收獲利都是公開的，不同事業部的員工對不同的薪資報酬及分紅多半能夠接受。

　　再以數位轉型而言，林伯全擔任董事長特助時，負責更新企業資源規劃（ERP）系統，並導入製造執行系統（MES）、客戶關係管理系統（CRM）、供應商管理系統（SCM）、商業智慧系統（BI）等軟體，但許多老員工認為舊系統用了 20

多年很習慣，對於新系統難免有些排斥。

為了突破阻力，林伯全不厭其煩與各部門持續溝通，強調舊系統無法因應未來智慧製造的需求，建置新系統才能避免資訊孤島、創造數據共享，提高各部門的效率與正確性；在訂定具體時程後，他號召公司上下及相關同仁積極參與，最後僅花了 7～8 個月就如期上線，包括長期策略規劃能力、生產效率、行政效率等方面，都獲得全面提升。

搭上 ESG 列車，以綠色製程磨亮永續價值

因應產業環境與永續經營的挑戰，中砂近幾年也啟動多軌轉型，以精實管理、智慧製造、綠色製程等三大面向著手轉型。

在精實管理方面，中砂與清華大學進行產學合作，建立精實管理制度與知識管理資料庫，並複製到不同事業單位，提升整體生產與管理效率；在智慧製造部分，中砂以建立資訊策略及即時營運資訊為目標，善用系統化的大數據分析，進而預測未來，開創另一種競爭力。

在綠色製程方面，因應企業永續的要求，未來砂輪勢必要導入新的環保製程，中砂希望能夠掌握科技創新的腳步，開發出革命性的砂輪製程技術。林伯全坦言，放眼未來，環境、社會與公司治理（ESG）將是最大挑戰，尤其中砂現有 7 成以上營收來自半導體領域，國際大廠要求整個供應鏈要在 2030 年達到淨零排

放的目標，即便是客戶的客戶有此規範，中砂也必須做到。

　　ESG 是挑戰也是契機！中砂從 2022 年起就開始展開碳足跡盤查，同時也積極投入綠色製程的研發。謝榮哲期許，未來 30 年要以 ESG 為驅動力，讓中砂繼續「磨」亮大未來！

Q 您提到砂輪技術雖然已經發展百年，但還有許多創新及優化的空間，是否考慮過併購其他同業？

A 過去我們有過一些併購案，一個是針對技術、一個是針對市場，都有其目的性。2018 年我們收購一家小型砂輪製造廠——鴻記工業，主要是為了補齊電鍍砂輪的技術，讓產品線更完整，展現不錯的整合效益；同年我們也整併原本就有投資關係的泰國砂輪公司，主要是因應東協免稅的區域經濟市場需求，也派任一位副總經理過去管理，成效還不錯。

中砂是台灣唯一上市的砂輪公司，其他砂輪廠的公司資訊都不太透明，且多數廠商的技術與客戶重疊性偏高，對中砂來說不易發揮併購效益。

Q 目前公司營收超過 7 成來自半導體相關業務，對未來的半導體市場看到什麼機會？公司轉投資穩晟材料科技的緣由為何？

A 我們跟半導體客戶的互動非常緊密，只要有最新的製程或趨

勢，都能很快掌握。以現階段來說，我們很關注第三類半導體的發展，對碳化矽（SiC）的前景相當看好，這類產品可應用在智慧製造、生物科技等各行各業。

中砂轉投資的穩晟，是做碳化矽從無到有的長晶廠，藉由我們的專業協助其精進切磨拋等技術，我們則可藉由他們的場域做砂輪測試、並取得原材料。過去穩晟董事長朱閱聖在做藍寶石基板時我們就認識，後來大家一起參與工研院計畫，合作碳化矽研磨用的砂輪，對其團隊技術留下深刻印象，一開始中砂投資 20% 股份，後來穩晟多次增資後，我們持股就降低到 8%。

Q 過去中砂幾次外部投資與收購都有不錯的成效，是否也有失敗的案例？

A 我們在多年前曾經轉投資光電事業，開發模造玻璃鏡片的技術，一開始瞄準手機鏡頭的應用，雖然品質優於市場但不敵市場競爭，轉向做光通訊耦合器，但成績還是不理想，主要是我們對這個產業缺乏訂價的主導權，投入 10 年仍處於虧損局面；後來我們將光電事業部切割出去，2018 年與日本山村硝子合資成立台灣山村光學，經過 3 年多的發展還是未見起色。

Q 未來公司要繼續成長轉型，少不了外部投資或併購，是
否有建立一套評估機制？

A 當初我們投資再生晶圓，是先以投資成立子公司的方式運作，
後來變成公司的事業部，這種方式對公司較為靈活，初期也不
用投入太多成本與管理能量。未來也會採取類似方式，先透過
外部合作的創投基金，挑選跟本業技術比較相關的新公司，進
行初期策略投資，一旦技術與市場成熟後，公司再伺機直接投
資。目前我們每年預計投入 100 萬美元資金，約佔每年盈餘的
3%，如果有需求的話，在研發費用方面也會有一定規模的投入。

Q 放眼未來 10 年，公司認為最大的挑戰是什麼？

A 在中美貿易戰、少子化、碳中和的衝擊下，區域經濟的整合
已是必然趨勢，未來一定會走向全球在地化的生產，台灣可以
下命令、管理世界工廠。我們不能只把台灣當成製造中心，哪
裡有市場就得往哪裡去設工廠，把腦袋及研發留在台灣，資訊
則可以無限傳遞，因此智慧製造將是我們的一大重點。
國際大廠要求整個半導體供應鏈，要在 2030 年達到淨零排放
的目標，不管是碳足跡的盤查、綠色製程的研發等，我們都已
經投入其中，我們不只看未來 10 年，未來 30 年我們都會以
ESG 當驅動力！

創生觀點 ···

右腳發揮淋漓盡致 左腳可再勇敢邁進

1. 中國砂輪看起來跟台灣其他傳統企業一樣，長期固守自家的核心能力，但它卻有著許多老牌公司缺乏的能力——靠著傳統技術的持續精進，不斷創造屬於自己的舞台，才能淬鍊出與眾不同的獨特競爭力。中砂一方面善於整合外界資源，包括日本技術、工研院共同開發等，一方面精準掌握客戶需求，因此能跟上時代潮流，製造出世界級的再生晶圓與鑽石碟，成為橫跨傳統砂輪與半導體事業的創新企業。

2. 針對砂輪與半導體事業的員工薪酬條件不同的問題，目前針對半導體事業部員工已有現金分紅、員工認股選擇權等薪資補償方案，未來也可考慮針對所有員工採用員工持股信託的方式，藉以留住人才。

3. 從中砂不斷轉型的軌跡來看，在自我成長的右腳部分發揮得淋漓盡致，儘管在投資新事業時，不乏大膽浪漫的企圖心，但在外部併購的左腳部分，力道還可以再加強。可以針對跨業的佈局更勇敢地邁出腳步，放眼醫療器材或其他新興產業，透過入股、併購、結盟等方式，開創更多屬於自己的舞台！

後記
不僅走新路，更要闢新局

黃日燦／台灣產業創生平台創辦人暨董事長

看完本書 20 篇的精彩案例，我們彷彿跟著這些企業決策者的腳步，參與了企業在成長蛻變過程中每個駐足、觀望、直行或拐彎的瞬間，見證了升級轉型路上的艱辛與險阻，也一起嚐到了苦盡甘來後的甜美滋味。

許多細心的讀者或許有發現，本書《企業創生 2・台灣闢新局》與第一本《企業創生・台灣走新路》雖然同樣關注企業升級轉型議題，但呈現的企業變革模式與轉型策略卻大異其趣，可以說是戲法人人會變、各有巧妙不同。

值得注意的是，在歷經美中貿易戰、疫情、供應鏈重整等重大考驗後，多數企業為了存活或持續追求成長，努力提高對產業變化與市場趨勢的掌握度，藉此因應變局、與時推移，找到新的成長路徑，相關策略與作為各有可觀與可取之處；然而，台灣企業從走新路到闢新局之間，還有一些瓶頸亟需突破。

企業家的心態，決定企業的視野與格局，如果要再更上一層樓，躋身真正世界級企業之列，勢必要調整思維、開放胸襟，不僅要在本業上追求極致、精益求精，也要在異業發展上

勇敢投資、創新突破，最重要的是要跳脫「凡事靠自己」單打獨鬥的老習慣，要擁抱「糾眾打群架」聯盟合作的新模式，同時併用內部自我成長的右腳和外部投資併購的左腳，以期在全球政經環境衝擊下，不斷引爆升級轉型火力，開闢新局，再創高峰！

BW0836

企業創生2・台灣闖新局
從傳產到高科技業，持續引爆升級轉型火力

總　　主　　筆／黃日燦
執　　　　筆／沈勤譽
專 案 統 籌／郭惠玲
企 業 訪 談／黃日燦、郭惠玲、沈勤譽
責 任 編 輯／陳美靜
版　　　　權／吳亭儀
行 銷 業 務／周佑潔、林秀津、賴正祐、吳藝佳

總　　編　　輯／陳美靜
總　　經　　理／彭之琬
事業群總經理／黃淑貞
發　　行　　人／何飛鵬
法 律 顧 問／元禾法律事務所 王子文律師
出　　　　版／商周出版
　　　　　　　臺北市 104 民生東路二段 141 號 9 樓
　　　　　　　電話：（02）2500-7008　傳真：（02）2500-7759
　　　　　　　E-mail: bwp.service@cite.com.tw
發　　　　行／英屬蓋曼群島商家庭傳媒股份有限公司　城邦分公司
　　　　　　　臺北市 104 民生東路二段 141 號 2 樓
　　　　　　　讀者服務專線：0800-020-299　24 小時傳真服務：（02）2517-0999
　　　　　　　讀者服務信箱 E-mail: cs@cite.com.tw
　　　　　　　劃撥帳號：19833503　戶名：英屬蓋曼群島商家庭傳媒股份有限公司城邦分公司
訂 購 服 務／書虫股份有限公司客服專線：（02）2500-7718；2500-7719
　　　　　　　服務時間：週一～週五上午 09:30-12:00；下午 13:30-17:00
　　　　　　　24 小時傳真專線：（02）2500-1990；2500-1991
　　　　　　　劃撥帳號：19863813　戶名：書虫股份有限公司
香 港 發 行 所／城邦（香港）出版集團有限公司
　　　　　　　香港灣仔駱克道 193 號東超商業中心 1 樓
　　　　　　　E-mail: hkcite@biznetvigator.com
　　　　　　　電話：（852）25086231　傳真：（852）25789337
　　　　　　　E-mail：hkcite@biznetvigator.com
馬 新 發 行 所／Cite（M）Sdn. Bhd.
　　　　　　　41, Jalan Radin Anum, Bandar Baru Sri Petaling, 57000 Kuala Lumpur, Malaysia.
　　　　　　　電話：（603）9057-8822　傳真：（603）9057-6622　E-mail: cite@cite.com.my

封 面 設 計／萬勝安
內 文 設 計／簡至成
印　　　　刷／韋懋實業有限公司
經　　銷　　商／聯合發行股份有限公司　電話：（02）2917-8022　傳真：（02）2911-0053
　　　　　　　地址：新北市 231 新店區寶橋路 235 巷 6 弄 6 號 2 樓

2023 年 12 月 7 日初版 1 刷　　　　　　　　　　　　Printed in Taiwan
2023 年 12 月 19 日初版 2.1 刷　　　　　　　　　　　城邦讀書花園
　　　　　　　　　　　　　　　　　　　　　　　　　www.cite.com.tw
定價 450 元（紙本）／315 元（EPUB）　　版權所有・翻印必究
ISBN: 978-626-318-909-6（紙本）/ 978-626-318-906-5（EPUB）

國家圖書館出版品預行編目（CIP）資料

企業創生 2・台灣闢新局：從傳產到高科技業，持續引爆
升級轉型火力 / 黃日燦總主筆 . -- 初版 . -- 臺北市：商周
出版：英屬蓋曼群島商家庭傳媒股份有限公司城邦分公
司發行, 2023.12
　　面；　公分 . --（新商業周刊叢書；BW0836）
ISBN 978-626-318-909-6（平裝）

1.CST: 企業管理 2.CST: 企業經營 3.CST: 組織再造

494　　　　　　　　　　　　　　　　112017490

線 上 讀 者 回 函 卡